月　日

正の数・負の数

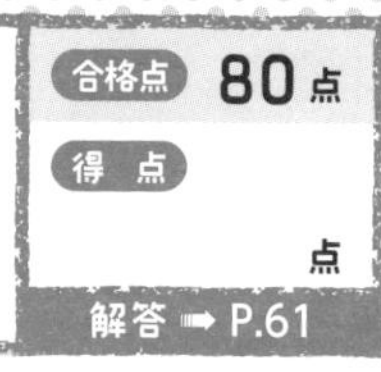

1 次の数を，正の符号（ふごう），負の符号をつけて表しなさい。（5点×4）

(1) 0より2小さい数

(2) 0より6大きい数

(3) 0より0.8小さい数

(4) 0より $\frac{3}{4}$ 大きい数

2 次の各組の数の大小を，不等号を使って表しなさい。（10点×2）

(1) $-6,\ -9$

(2) $-0.5,\ -0.51,\ +0.05$

3 次の数について，それぞれ答えなさい。（10点×5）

$$+9.5,\ -1.5,\ +4,\ -10,\ 2,\ -\frac{1}{4},\ -8,\ +\frac{1}{2}$$

(1) 負の数をすべて答えなさい。

(2) 絶対値が8以上の数をすべて答えなさい。

(3) 小さいほうから順に並べなさい。

(4) 絶対値の大きいほうから順に並べなさい。

(5) 自然数をすべて答えなさい。

4 10より大きく，20以下の素数をすべて書きなさい。（10点）

月　日

2 正の数・負の数の加法 ①

合格点 80点

得点　点

解答 ➡ P.61

1 次の計算をしなさい。(5点×10)

(1) $(+5)+(+5)$

(2) $(-6)+(-7)$

(3) $(+8)+(+1)$

(4) $(-9)+(-2)$

(5) $(-12)+(-8)$

(6) $(+8)+(+24)$

(7) $(-38)+(-52)$

(8) $(+41)+(+12)$

(9) $(-25)+(-74)$

(10) $(+63)+(+12)$

2 次の計算をしなさい。(5点×10)

(1) $(+7)+(-6)$

(2) $(+5)+(-9)$

(3) $(-16)+(+8)$

(4) $(-2)+(+5)$

(5) $(-32)+(+6)$

(6) $(-8)+(+48)$

(7) $(+12)+(-11)$

(8) $0+(+36)$

(9) $0+(-28)$

(10) $(-108)+(+59)$

正の数・負の数の加法 ②

合格点 80点
得点 点
解答 ➡ P.61

1 次の計算をしなさい。（5点×8）

(1) $(+5.1)+(+4.9)$

(2) $(-12.5)+(-8.2)$

(3) $\left(-\frac{1}{2}\right)+\left(-\frac{1}{2}\right)$

(4) $\left(+\frac{3}{7}\right)+\left(+\frac{2}{7}\right)$

(5) $\left(-\frac{2}{3}\right)+\left(-\frac{1}{2}\right)$

(6) $\left(+\frac{3}{5}\right)+\left(+\frac{1}{4}\right)$

(7) $\left(-\frac{5}{6}\right)+\left(-\frac{2}{3}\right)$

(8) $\left(+\frac{1}{7}\right)+\left(+\frac{2}{5}\right)$

2 次の計算をしなさい。（6点×10）

(1) $(-2.3)+(+5.3)$

(2) $(+11.5)+(-10.5)$

(3) $(-15.5)+(+6.5)$

(4) $(+17.2)+(-27.3)$

(5) $\left(+\frac{5}{6}\right)+\left(-\frac{3}{4}\right)$

(6) $\left(-\frac{7}{8}\right)+\left(+\frac{2}{7}\right)$

(7) $\left(-\frac{3}{8}\right)+\left(+\frac{5}{12}\right)$

(8) $\left(-\frac{9}{10}\right)+\left(+\frac{3}{5}\right)$

(9) $\left(+\frac{3}{4}\right)+(-0.8)$

(10) $(-0.25)+\left(+\frac{7}{4}\right)$

正の数・負の数の減法 ①

合格点 80点

得点　　点

解答 ➡ P.61

1 次の計算をしなさい。（5点×10）

(1) $(+10)-(+5)$

(2) $(+3)-(+8)$

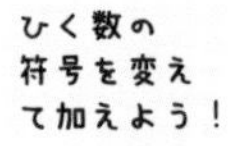

(3) $(-9)-(-4)$

(4) $(-8)-(-1)$

(5) $(+25)-(+4)$

(6) $(+2)-(+31)$

(7) $(-13)-(-35)$

(8) $(-21)-(-12)$

(9) $(+31)-(+20)$

(10) $(-53)-(-38)$

2 次の計算をしなさい。（5点×10）

(1) $(+10)-(-5)$

(2) $(-5)-(+8)$

(3) $(-2)-(+6)$

(4) $(+5)-(-3)$

(5) $(-17)-(+3)$

(6) $(-49)-0$

(7) $(+28)-(-32)$

(8) $(+16)-(-38)$

(9) $0-(-41)$

(10) $(-8)-(+89)$

月　日

正の数・負の数の減法 ②

合格点 80点

得点　　点

解答 ➡ P.62

1 次の計算をしなさい。（5点×8）

(1) $(+7.2)-(+3.2)$

(2) $(-6.5)-(-1.5)$

(3) $\left(+\frac{2}{9}\right)-\left(+\frac{1}{9}\right)$

(4) $\left(-\frac{2}{7}\right)-\left(-\frac{6}{7}\right)$

(5) $\left(-\frac{3}{5}\right)-\left(-\frac{1}{2}\right)$

(6) $\left(+\frac{7}{10}\right)-\left(+\frac{1}{2}\right)$

(7) $\left(-1\frac{1}{3}\right)-\left(-\frac{3}{4}\right)$

(8) $\left(+\frac{1}{6}\right)-\left(+\frac{2}{15}\right)$

2 次の計算をしなさい。（6点×10）

(1) $(+25.1)-(-4.9)$

(2) $(-8.9)-(+2.1)$

(3) $(+36.2)-(-23.5)$

(4) $(-48.9)-(+31.5)$

(5) $\left(+\frac{2}{5}\right)-\left(-\frac{1}{10}\right)$

(6) $\left(+\frac{2}{9}\right)-\left(-\frac{1}{3}\right)$

(7) $\left(-\frac{3}{5}\right)-\left(+\frac{2}{3}\right)$

(8) $(+4.2)-\left(-\frac{16}{5}\right)$

(9) $\left(+\frac{13}{5}\right)-(-0.7)$

(10) $(-0.75)-\left(+\frac{1}{4}\right)$

月　日

正の数・負の数の加減 ①

合格点 80点
得点　　点
解答 ➡ P.62

1 次の式を，加法だけの式になおして計算しなさい。(5点×4)

(1) $(+2)-(-8)-(+5)$

(2) $(-8)-(-4)+(-5)$

(3) $(+7)-(-3)+(-2)$

(4) $(-6)+(-1)-(-9)$

2 次の計算をしなさい。(6点×8)

(1) $(-2)+(+8)-(-5)$

(2) $(-3)-4+(-8)$

(3) $5+(-2)-(+4)$

(4) $5-(+3)+8-(-10)$

(5) $-2+6-(+2)+(-2)$

(6) $15+11-(+20)-(-4)$

(7) $-7+9+11-3-2$

(8) $(-7)+(-6)-(+3)+7$

3 次の計算をしなさい。(8点×4)

(1) $(+9)-(+15)-(-1)+(-5)$

(2) $-16-(-31)+(-34)+19$

(3) $12-(-3)+(-15)-(+4)-(-9)$

(4) $-6+(-27)-(-19)-5+(-4)$

正の数・負の数の加減 ②

合格点 80点
得点 　点
解答 ➡ P.62

1 次の計算をしなさい。(7点×4)

(1) $(-0.4)-1+(-0.8)$

(2) $1.6+(-2.2)-(-3.4)$

(3) $4.5+(-0.5)-(-3.5)$

(4) $2.3-0.7+(-2)$

2 次の計算をしなさい。(8点×4)

(1) $\left(+\frac{1}{9}\right)+\left(+\frac{2}{9}\right)-\left(-\frac{4}{9}\right)$

(2) $\left(-\frac{3}{5}\right)-\left(-\frac{2}{5}\right)+\frac{1}{5}$

(3) $\frac{3}{8}-\frac{3}{4}+\left(+\frac{1}{2}\right)$

(4) $\left(-\frac{2}{3}\right)+\frac{1}{6}-\left(-\frac{3}{4}\right)$

3 次の計算をしなさい。(8点×5)

(1) $5.2+(-7.3)+4.8-(+2.7)$

(2) $10.5+(-15.4)-(-13.5)-23.6$

(3) $\frac{2}{15}-\left(-\frac{6}{15}\right)+\left(-\frac{2}{15}\right)+\left(-\frac{4}{15}\right)$

(4) $\frac{1}{2}-\left(+\frac{2}{3}\right)-\frac{1}{4}+(-2)$

(5) $1-\frac{1}{2}+\frac{3}{4}-\left(-\frac{1}{3}\right)$

月　日

合格点 80点
得点　　点

解答 ➡ P.62

1 次の各組の数の大小を，不等号を使って表しなさい。(5点×2)

(1) $-\frac{1}{3}$, -0.3, $\frac{1}{5}$

(2) 0, 0.1, $\frac{1}{7}$, -1

2 次の計算をしなさい。(5点×6)

(1) $(-7)+(-9)$

(2) $5-(-6)$

(3) $(+21)-(+38)$

(4) $(-4.3)-(-7.2)$

(5) $(+3.8)+(-4.2)$

(6) $-\frac{1}{2}+\frac{5}{6}$

3 次の計算をしなさい。(10点×6)

(1) $(-0.1)-(-5.2)+4.9$

(2) $3.7+(-8.2)-5.1+6$

(3) $(-26.3)+38.4-(+3.7)$

(4) $4.5-1.2+0.6-1.8$

(5) $\frac{1}{3}-\left(-\frac{1}{6}\right)-\left(-\frac{1}{2}\right)$

(6) $\left(-\frac{2}{3}\right)+\left(-\frac{3}{4}\right)-\left(+\frac{5}{6}\right)$

9 正の数・負の数の乗法 ①

80点

得点　　点

解答 ➡ P.63

1 次の計算をしなさい。(5点×10)

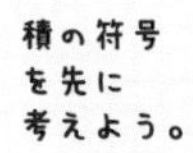

(1) $(+3)\times(+2)$

(2) $(-5)\times(-4)$

(3) $(+8)\times(+6)$

(4) $(-7)\times(-9)$

(5) $(+7)\times(-3)$

(6) $(-8)\times(+9)$

(7) $(-12)\times(+5)$

(8) $(-11)\times(+8)$

(9) $(-10)\times(+10)$

(10) $(+15)\times(-14)$

2 次の計算をしなさい。(5点×10)

(1) $3\times(-6)$

(2) $0\times(-4)$

(3) -6×5

(4) $12\times(-3)$

(5) -9×0

(6) -10×9

(7) $50\times(-5)$

(8) -12×11

(9) $-1\times(-20)$

(10) $36\times(-10)$

月　日

正の数・負の数の乗法 ②

合格点 80点

得点　　点

解答 ➡ P.63

1 次の計算をしなさい。（6点×10）

(1) $(+1.2)\times(+0.2)$

(2) $(-5.3)\times(-0.4)$

(3) $(+0.3)\times(+7)$

(4) $(-0.8)\times(-8)$

(5) $\left(+\frac{5}{7}\right)\times(+3)$

(6) $\left(-\frac{2}{9}\right)\times(-6)$

(7) $\left(+\frac{1}{2}\right)\times\left(+\frac{3}{5}\right)$

(8) $\left(-\frac{5}{8}\right)\times\left(-\frac{3}{7}\right)$

(9) $(+8)\times\left(+\frac{1}{12}\right)$

(10) $\left(+\frac{2}{3}\right)\times\left(+\frac{6}{7}\right)$

2 次の計算をしなさい。（5点×8）

(1) $(+2.5)\times(-0.5)$

(2) $(-2.2)\times(+0.8)$

(3) $(-5.8)\times7$

(4) $(+12.4)\times(-0.1)$

(5) $\left(-\frac{1}{15}\right)\times12$

(6) $\frac{3}{5}\times(-10)$

(7) $\frac{5}{6}\times\left(-\frac{3}{5}\right)$

(8) $\left(-\frac{8}{9}\right)\times\frac{5}{4}$

月　日

正の数・負の数の乗法 ③

合格点 80点
得点　点
解答 ➡ P.63

1 次の積を，累乗（るいじょう）の指数を使って表しなさい。（4点×4）

(1) $7\times7\times7$

(2) $(-9)\times(-9)$

(3) $(-0.8)\times(-0.8)$

(4) $\frac{1}{3}\times\frac{1}{3}$

2 次の計算をしなさい。（6点×6）

(1) 2^3

(2) 3^2

(3) $(-4)^2$

(4) -4^2

(5) -1.7^2

(6) $\left(\frac{1}{5}\right)^3$

3 次の計算をしなさい。（6点×8）

(1) $4\times(-3)^2$

(2) $-1^2\times(-2)^3$

(3) $(-5)^2\times2$

(4) $0.3^2\times3$

(5) $8^2\times\left(\frac{1}{2}\right)^3$

(6) $\left(-\frac{2}{3}\right)^3\times\left(\frac{3}{4}\right)^2$

(7) $0.2^2\times\left(\frac{1}{2}\right)^2$

(8) $\left(\frac{1}{3}\right)^3\times(-1.5)^2$

月　　日

12 正の数・負の数の除法 ①

合格点 80点

得点　　点

解答 ➡ P.64

1 次の計算をしなさい。（5点×10）

(1) $(+10)\div(+2)$

(2) $(-20)\div(-4)$

(3) $(+36)\div(+4)$

(4) $(-63)\div(-7)$

(5) $(+22)\div(-2)$

(6) $(-64)\div8$

(7) $0\div(+5)$

(8) $18\div(-9)$

(9) $(-48)\div(+3)$

(10) $(+91)\div(-7)$

2 次の計算をしなさい。（5点×10）

(1) $21\div(-3)$

(2) $(-18)\div6$

(3) $(-12)\div8$

(4) $5\div(-9)$

(5) $68\div(-4)$

(6) $(-98)\div7$

(7) $0\div(-28)$

(8) $(-100)\div25$

(9) $(-90)\div(-15)$

(10) $-108\div(-18)$

正の数・負の数の除法 ②

80点

得点　　点

解答 ➡ P.64

1 次の数の逆数を求めなさい。(5点×4)

(1) 4　(2) -6　(3) $\frac{1}{7}$　(4) $-\frac{5}{3}$

2 除法を乗法になおして，次の計算をしなさい。(5点×4)

(1) $\left(-\frac{1}{3}\right)\div 7$

(2) $\left(+\frac{3}{4}\right)\div\left(-\frac{1}{5}\right)$

(3) $\left(-\frac{3}{2}\right)\div\left(-\frac{6}{7}\right)$

(4) $28\div\left(-\frac{2}{3}\right)$

3 次の計算をしなさい。(6点×10)

(1) $(-2.8)\div 0.7$

(2) $3.6\div(-0.6)$

(3) $0\div(-2.7)$

(4) $8\div(-0.4)$

(5) $\left(-\frac{5}{9}\right)\div(-3)$

(6) $(-9)\div\frac{1}{3}$

(7) $\frac{8}{15}\div\left(-\frac{4}{5}\right)$

(8) $\left(-\frac{2}{3}\right)\div\left(-\frac{5}{6}\right)$

(9) $12\div\left(-\frac{3}{4}\right)$

(10) $\left(-\frac{3}{5}\right)\div\frac{3}{10}$

月　日

14 正の数・負の数の乗除 ①

合格点 80点
得点 点
解答 ➡ P.64

1 次の計算をしなさい。（4点×10）

(1) $(-3)\times2\times(-5)$

(2) $(-4)\times(-8)\times6$

(3) $(-18)\times5\div15$

(4) $22\times(-4)\div(-8)$

(5) $-45\div5\times(-6)$

(6) $35\div7\times(-25)$

(7) $(-72)\div8\div(-3)$

(8) $54\div(-9)\div2$

(9) $25\times4\div(-5)$

(10) $(-49)\div7\times4$

2 次の計算をしなさい。（7点×4）

(1) $\frac{1}{4}\times\left(-\frac{6}{5}\right)\div\frac{3}{4}$

(2) $\left(-\frac{3}{5}\right)\times\left(-\frac{10}{9}\right)\div\frac{2}{3}$

(3) $\left(-\frac{4}{5}\right)\div\left(-\frac{1}{6}\right)\times\frac{5}{8}$

(4) $\frac{2}{3}\times\left(-\frac{1}{4}\right)\div\frac{5}{6}$

3 次の計算をしなさい。（8点×4）

(1) $(-2.5)\times0.6\times2$

(2) $3.5\times0.4\div(-0.3)$

(3) $(-2.4)\div0.8\times(-0.5)$

(4) $-3\div(-0.3)\div(-0.2)$

15 正の数・負の数の乗除 ②

解答 ➡ P.65

1 次の計算をしなさい。(4点×10)

(1) $(-15)\times7\times4$

(2) $(-5)\times4\times(-8)\times(-2)$

(3) $(-2^2)\times(-15)\div4$

(4) $(-3)^2\times(-1)^3\times2^3$

(5) $72\div(-3^2)\div(-2)\times3$

(6) $-8\div(-24)\times15\div3^2$

(7) $(-2)\div(-6)\times(-3)\times2^3$

(8) $20\times(-2)\div(-5)\times(-3)\times(-1)^2$

(9) $(-3)\times(-2)\times(+6)\div(-2^3)$

(10) $-2\div(-8)\times(-2)^2\div(-2)$

2 次の計算をしなさい。(7点×4)

(1) $\frac{9}{7}\times\left(-\frac{2}{3}\right)\div\frac{6}{7}$

(2) $\frac{5}{12}\div\left(-\frac{3}{4}\right)^2\div\left(-\frac{5}{8}\right)$

(3) $-\frac{1}{4}\times\frac{1}{5}\div\left(\frac{1}{2}\right)^2$

(4) $\left(-\frac{2}{3}\right)^2\times\frac{3}{8}\div\frac{1}{6}$

3 次の計算をしなさい。(8点×4)

(1) $2.5\times(-4.5)\times(-0.4)$

(2) $-0.3\times(-5.2)\times(-7)$

(3) $(-0.3)\times1.5\div0.3^2\times0.4$

(4) $(-0.2^2)\times1.5\div(-0.6)\div(-0.5)$

月　日

正の数・負の数の計算 ①

合格点 80点
得点　　点
解答 ➡ P.65

1 次の計算をしなさい。(5点×10)

(1) $(-7)+(-3)\times 3$

(2) $5\times(-3)-(-10)$

(3) $(-30)\div(-6)+7$

(4) $8-(-48)\div 6$

(5) $25+15\div(-5)$

(6) $34\times 2-(-15)$

(7) $16+(-4)\times 3-2$

(8) $(-15)-45\div(-5)+2$

(9) $5\times 9+(-16)\div(-4)$

(10) $(-64)\div 8-2\times 11$

2 次の計算をしなさい。(6点×6)

(1) $0.3-0.2\times(-5)$

(2) $(-3.4)\times 2+0.2$

(3) $1.8\div(-9)-(-8)$

(4) $\left(-\frac{1}{2}\right)\times\frac{1}{3}-\frac{3}{4}$

(5) $\left(-\frac{2}{5}\right)\div\frac{1}{10}-\frac{1}{2}$

(6) $\frac{5}{6}+\frac{4}{3}\times\left(-\frac{3}{8}\right)$

3 次の計算をしなさい。(7点×2)

(1) $0.6+0.4\times(-7)-0.8$

(2) $\left(-\frac{7}{15}\right)\div\frac{2}{3}+\frac{4}{21}\times\left(-\frac{7}{8}\right)$

17 正の数・負の数の計算 ②

合格点 80点

得点 点

解答 ➡ P.65

1 次の計算をしなさい。（5点×10）

(1) $-6-20\div(-2)^2$

(2) $20-(-4)^2\div4$

(3) $(-3)^2-(-4)\times2$

(4) $3\times(-6)+(-4)^2$

(5) $-5^2+3^3\div9$

(6) $-4^2+(-4)^2\times2$

(7) $6^2\div(-3)-(-6)^2\times2$

(8) $4^3\div2+(-5)\times3$

(9) $3\times(-2^2)-7^2+4$

(10) $-12\times(-2)^2+(-6)\div(-3)$

2 次の計算をしなさい。（6点×6）

(1) $0.2^2\times6-(-0.5)$

(2) $-1.3+5\times0.3^2$

(3) $(-0.4)^2\div8+7.2$

(4) $-\left(\frac{1}{2}\right)^2\div\frac{3}{8}+\frac{1}{4}$

(5) $1-\left(-\frac{2}{3}\right)^2\div4$

(6) $-\left(\frac{3}{4}\right)^3\times\frac{8}{9}-\left(\frac{1}{2}\right)^3$

3 次の計算をしなさい。（7点×2）

(1) $1.2^2-(-1.5)^2\div5+0.5$

(2) $\left(\frac{1}{5}\right)^2\times\frac{5}{6}+\left(-\frac{1}{6}\right)\div\left(\frac{1}{3}\right)^2$

月　日

正の数・負の数の計算 ③

合格点 80点
得点　点

解答 ➡ P.65

1 次の計算をしなさい。(5点×4)

(1) $2\times(-8+2)$

(2) $40\div(-15+7)$

(3) $(-3)\times(-6+10)-(-5)$

(4) $(33-53)\div4+(-10)$

2 次の計算をしなさい。(6点×4)

(1) $12+(5^2-15)\times3$

(2) $(-4)\times\{10\div(8-10)\}$

(3) $\{2^3-(-7)\}\div3-9$

(4) $(-3+9)\times2^3\div(-16)$

3 次の計算をしなさい。(7点×8)

(1) $(1.2-2)\times4$

(2) $2.4\div\{5-(-3)\}$

(3) $6\times\{(-0.3)^2+0.2\}$

(4) $\{2+(0.4-1.3)\}\times0.1$

(5) $0.6+\{0.4\times(-7)-0.8\}$

(6) $\left\{\left(-\frac{1}{2}\right)^2+\frac{2}{3}\right\}\times(-8)$

(7) $\left(-\frac{1}{3}\right)^2\times\left\{3\div\left(\frac{3}{4}-\frac{5}{6}\right)\right\}$

(8) $\frac{1}{5}-\left\{\left(\frac{1}{2}\right)^3+\frac{1}{4}\right\}\times6$

正の数・負の数の計算 ④

合格点 80点
得 点 　点
解答 ➡ P.66

1 分配法則を利用して，次の計算をしなさい。(9点×4)

(1) $\left(\frac{1}{2}-\frac{2}{3}\right)\times 6$

(2) $15\times\left(\frac{4}{5}+\frac{2}{3}\right)$

(3) $\left(-\frac{5}{6}+\frac{11}{12}\right)\times 12$

(4) $-32\times\left(\frac{3}{4}-\frac{1}{8}\right)$

2 分配法則を利用して，次の計算をしなさい。(9点×4)

(1) $2.8\times 5.2-7.8\times 5.2$

(2) $18\times\left(-\frac{3}{5}\right)+18\times\left(-\frac{2}{5}\right)$

(3) $-2.4\times 16+12.4\times 16$

(4) $-24\times\frac{5}{9}+(-24)\times\frac{4}{9}$

3 右の表で，縦，横，斜(なな)めのどの4つの数の和も等しくなるようにします。空らんにあてはまる数を書きなさい。(4点×7)

-7	(1)	6	-4
(2)	(3)	-1	(4)
0	2	(5)	-3
5	-5	(6)	(7)

まずは4つの数の和を求めよう。

素因数分解

1 次のうち，素数を選びなさい。(10点)

1, 2, 3, 4, 5, 6, 7, 8, 9, 10, 11

2 自然数を素数の積で表すことを「素因数分解」といいます。次のように素因数分解するとき，□にあてはまる数を書きなさい。(5点×6)

(1)

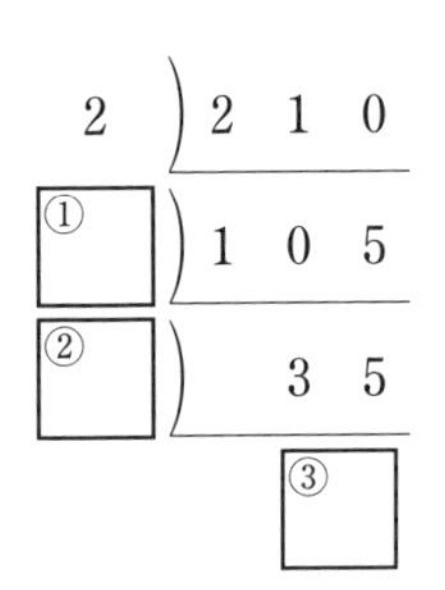

(2)

3) 2 2 5
①) 7 5
②) 2 5
③

$225 = ①^2 \times ②^2$

3 次の数を素因数分解しなさい。(10点×6)

(1) 30　(2) 66　(3) 105

(4) 175　(5) 180　(6) 675

月　日

21 まとめテスト ②

合格点 80点

得点　　点

解答 ➡ P.66

1 次の計算をしなさい。(8点×6)

(1) $2.5\times(-0.8)$

(2) $(-6)\times(-2)\times(-5)$

(3) $\frac{7}{6}\times\left(-\frac{3}{5}\right)$

(4) $-\frac{6}{25}\div\frac{8}{5}$

(5) $\frac{2}{9}\div\left(-\frac{1}{3}\right)\times\left(-\frac{3}{2}\right)$

(6) $\left(-\frac{7}{8}\right)\div14\div\frac{5}{12}$

2 次の計算をしなさい。(10点×4)

(1) $(-2)^2\times(-3^2)+48\div(-2)^3$

(2) $\left(\frac{1}{9}-2\right)\div\left(-\frac{1}{2}\right)^2$

(3) $\{5+14\div(-2)\}\times2-(-3)$

(4) $1+\left(\frac{1}{2}-\frac{2}{3}\right)\div\frac{3}{4}$

3 分配法則を利用して，次の計算をしなさい。(6点×2)

(1) $24\times\left(\frac{2}{3}-\frac{5}{6}\right)$

(2) $-8.1\times2.15-1.9\times2.15$

月　日

文字式の表し方 ①

合格点 80点
得点　　点
解答 ➡ P.67

1 次の式を，文字式の表し方にしたがって表しなさい。（5点×10）

(1) $5\times x$

(2) $a\times(-7)$

(3) $x\times x\times a$

(4) $a\times(-1)\times a$

(5) $(b+c)\times(-2)$

(6) $x\div(-3)$

(7) $6\div a$

(8) $x\div y$

(9) $(a+b)\div 8$

(10) $a\div b\div c$

2 次の式を，文字式の表し方にしたがって表しなさい。（5点×10）

(1) $a\div 2\times 5$

(2) $(-1)\times x\div 4$

(3) $x\div y\times x$

(4) $a\times b\div c\times d$

(5) $a\div b\times c\div d$

(6) $x\times x\div(-3)\times x$

(7) $x\times y\div 7\times 8$

(8) $9\div x\times 5\div x$

(9) $-16\div a\div 4\times b$

(10) $x\div\frac{1}{2}\times\frac{1}{3}\times y$

月　日

23 文字式の表し方 ②

合格点 80点
得点 　点
解答 ➡ P.67

1 次の式を，文字式の表し方にしたがって表しなさい。（5点×10）

(1) $3\times a-5\times b$

(2) $a\times a-b\times c$

(3) $a\div 2+3\times b$

(4) $x\times x+3\div x$

(5) $a\div b-6\div c$

(6) $3\times(x+y)-5$

(7) $8a\div b-b\div 5a$

(8) $x\times y\times x+z\times(-1)$

(9) $a\times(-1)\div b-c\times(-8)$

(10) $x\times x\times z+y\times y\times y\div z$

2 次の式を，×や÷の記号を使って表しなさい。（5点×10）

(1) $8x$

(2) $-2a^3$

(3) $\frac{y}{7}$

(4) $\frac{4}{ab}$

(5) $5xy^2$

(6) $\frac{b^2c}{7a}$

(7) $xy(8-2z)$

(8) $3a-\frac{b}{2}$

(9) $\frac{1}{2}(x+y)$

(10) $\frac{a+b}{3}+\frac{1}{4}(x+y)$

文字を使った式

1 次の数量を，文字を使った式で表しなさい。（7点×4）

(1) 1冊150円のノートx冊の値段

(2) 縦$a$cm，横$b$cmの長方形の面積

(3) a個で600円のりんご1個の値段

(4) 1個7gのビー玉がぜんぶでxgあるときのビー玉の個数

2 次の数量を，文字を使った式で表しなさい。（8点×9）

(1) 1本50円の鉛筆（えんぴつ）a本と1本80円のペンb本を買ったときの代金の合計

(2) xの5倍とyの3倍の和

(3) ある数nのa倍よりもc小さい数

(4) 1冊a円の雑誌を2冊買って，1000円札を出したときのおつり

(5) 数学の3回のテストが，a点，b点，c点であったときの平均点

(6) 百の位の数がx，十の位の数がy，一の位の数がzである3けたの自然数

(7) 底辺5cm，高さ$a$cmの三角形の面積

(8) xmのリボンからymずつ4本切り取ったときの残りの長さ

(9) 1辺$a$cmの立方体の体積

25 数量の表し方

解答 ➡ P.68

1 次の数量を，それぞれ(　)内の単位で表しなさい。(6点×6)

(1) am (cm)　　(2) $x$kg (g)　　(3) y 分 (時間)

(4) adL (L)　　(5) 時速 $y$km (分速)　　(6) $x\mathrm{m}^2$ (cm^2)

2 次の数量を，文字式で表しなさい。(6点×6)

(1) ag の 7%　　(2) xm の 8 割　　(3) a 円の 20%

(4) x 円の 2 割 5 分　　(5) aL の 2 割増し　　(6) $y$kg の 12%減

3 次の数量を，文字式で表しなさい。(7点×4)

(1) 濃度(のうど) 9%の食塩水 xg にふくまれる食塩の重さ

(2) $x$km の道のりを，15 分で歩いたときの時速

(3) 半径 $2a$cm の円の面積 (円周率は π とする)

(4) 100g が x 円の牛肉を yg 買ったときの代金

26 式の値①

合格点 80点
得点　点
解答 ➡ P.68

1 $x=2$ のとき，次の式の値を求めなさい。（5点×4）

(1) $5x-2$　(2) $-x^2$　(3) $3x+20$　(4) $\frac{8}{x}$

2 $x=-3$ のとき，次の式の値を求めなさい。（5点×4）

(1) $-5x+3$　(2) x^2　(3) $(-x)^2-4x$　(4) $\frac{3}{x}$

3 $x=\frac{1}{2}$ のとき，次の式の値を求めなさい。（10点×3）

(1) $8x+3$　(2) $\frac{x}{5}$　(3) $4x^2-x$

4 $x=-\frac{2}{3}$ のとき，次の式の値を求めなさい。（10点×3）

(1) $-9x+4$　(2) $7-6x$　(3) $1-2x^2$

月　日

式の値②

合格点 80点

得点　　点

解答 ➡ P.68

1 $x=6$, $y=-5$ のとき，次の式の値を求めなさい。(7点×2)

(1) $3x+2y$

(2) $-x+4y$

2 $x=-3$, $y=4$ のとき，次の式の値を求めなさい。(7点×2)

(1) x^2-2y

(2) $2x^2-3y^2$

3 $a=3$, $b=-2$ のとき，次の式の値を求めなさい。(9点×8)

(1) $4a-7b$

(2) $a+5b$

(3) $5a-2ab$

(4) $26-2a-6b$

(5) $\frac{4}{a}+\frac{7}{b}$

(6) $-\frac{2}{3}a+3b$

(7) $-a+4b^2$

(8) $4a^2-2b-\frac{1}{2}$

28 まとめテスト ③

合格点 80点
得点　　点
解答 ➡ P.68

1 次の式を，文字式の表し方にしたがって表しなさい。（7点×6）

(1) $(-8)\times x$

(2) $(a-b)\div 5$

(3) $x\times x\div y\div y$

(4) $3\times a-2\times b$

(5) $x\div y+5\times z$

(6) $8+a\times a\times b\times(-1)$

2 次の数量を，文字式で表しなさい。（8点×3）

(1) aL の 15%

(2) 縦 15cm，横 $x$cm の長方形のまわりの長さ

(3) 十の位の数が x，一の位の数が y の 2 けたの自然数

3 $x=-4$ のとき，次の式の値を求めなさい。（8点×2）

(1) $9x-3$

(2) $\frac{1}{2}x^2-\frac{2}{3}x+1$

4 $a=-\frac{1}{3}$，$b=2$ のとき，次の式の値を求めなさい。（9点×2）

(1) $2a+\frac{1}{4}b$

(2) $-3a^2-b^2$

月　日

29 式を簡単にすること

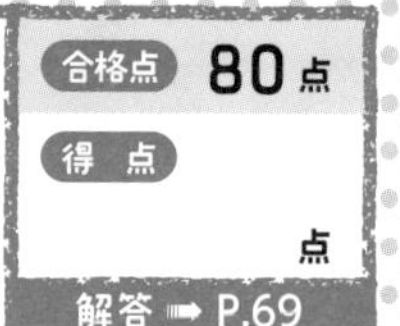

1 次の式の項と，文字をふくむ項の係数をいいなさい。（5点×8）

(1) $5x-4$

(2) $0.5x+7$

(3) $-6x-\frac{2}{5}y$

(4) $\frac{x}{2}+3y$

(5) $x-y-9$

(6) $-8x-3y+4$

(7) $0.3x+1.4y-1.2$

(8) $-3x-\frac{y}{4}+8$

2 次の式を簡単にしなさい。（6点×10）

(1) $5a-3a$

(2) $-7x+2x$

(3) $0.2a+0.8a$

(4) $\frac{3}{4}x-\frac{1}{2}x$

(5) $-2x+3+5x$

(6) $x-0.4x+2$

(7) $-7-\frac{1}{2}a-3a$

(8) $-\frac{1}{3}x+4+\frac{1}{5}x$

(9) $4y-4+2y+2$

(10) $-4-x+\frac{1}{2}-\frac{3}{5}x$

月　日

合格点 80点
得点　点
解答 ➡ P.69

30 1次式の加法

1 次の計算をしなさい。（5点×4）

(1) $3x+(2x+5)$

(2) $6x+(4x-1)$

(3) $-y+(2y-5)$

(4) $(-x+5)+2x$

2 次の2つの式をたしなさい。（6点×4）

(1) $2x+3,\ 3x+2$

(2) $7a+7,\ -5a+3$

(3) $-x+6,\ -2x-4$

(4) $12y-10,\ -15y-3$

3 次の計算をしなさい。（7点×8）

(1) $(x+5)+(x-8)$

(2) $(3x+2)+(2x-1)$

(3) $(4a+6)+(8-2a)$

(4) $(5p+7)+(-4p+6)$

(5) $\left(\frac{2}{3}x-4\right)+\left(\frac{x}{3}+5\right)$

(6) $\left(\frac{3}{2}x-6\right)+(-x+5)$

(7) $\left(\frac{1}{2}a+\frac{2}{3}\right)+\left(\frac{3}{2}a-\frac{1}{3}\right)$

(8) $\left(-\frac{2}{3}x+\frac{1}{6}\right)+\left(\frac{3}{4}x+\frac{1}{3}\right)$

31 1次式の減法

合格点 80点
得点 　点

解答 ➡ P.70

1 次の計算をしなさい。（5点×4）

(1) $7a-(6a+4)$

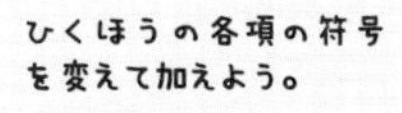

(2) $-2x-(3x-6)$

(3) $5y-(6y+1)$

(4) $3a-(2a-1)$

2 左の式から右の式をひきなさい。（6点×4）

(1) $10a-7$，$5a-4$

(2) $-3x+8$，$x-6$

(3) $-5x-1$，$-x-3$

(4) $12y-10$，$-14y-3$

3 次の計算をしなさい。（7点×8）

(1) $(5a+4)-(3a-1)$

(2) $(b-5)-(3b+3)$

(3) $(8x-6)-(2x+3)$

(4) $(7c-2)-(-3c+7)$

(5) $\left(\frac{x}{2}+1\right)-\left(x-\frac{1}{2}\right)$

(6) $\left(a-\frac{1}{2}\right)-\left(a+\frac{1}{3}\right)$

(7) $\left(\frac{2}{5}x-\frac{3}{5}\right)-\left(\frac{4}{5}x+\frac{1}{5}\right)$

(8) $\left(-\frac{3}{4}y+\frac{1}{6}\right)-\left(-\frac{2}{3}y+\frac{3}{8}\right)$

1次式の加減

合格点 80点
得点　　点
解答 ➡ P.70

1 次の２つの式の和を求めなさい。また，左の式から右の式をひいた差を求めなさい。（5点×4）

(1) $4x-3,\ \ -x+2$

(2) $-x+6,\ \ -2x-3$

2 次の計算をしなさい。（6点×4）

(1)
$$\begin{array}{rr} & a+3 \\ +) & 2a+4 \\ \hline \end{array}$$

(2)
$$\begin{array}{rr} & 6a+4 \\ +) & -3a-7 \\ \hline \end{array}$$

(3)
$$\begin{array}{rr} & 5a+6 \\ -) & 2a-3 \\ \hline \end{array}$$

(4)
$$\begin{array}{rr} & -7a-5 \\ -) & 3a-10 \\ \hline \end{array}$$

3 次の計算をしなさい。（7点×8）

(1) $(8x+3)+(2x-6)$

(2) $(-5x+8)-(-2x-2)$

(3) $(5a-5)-(7a-4)$

(4) $(3x+3)+(-2x+5)$

(5) $(3x-0.2)-(1.2x+0.8)$

(6) $\dfrac{2x-1}{3}-\dfrac{x}{2}$

(7) $\left(-\dfrac{1}{3}a+3\right)+\left(\dfrac{1}{2}a-3\right)$

(8) $\left(\dfrac{3}{4}+\dfrac{5}{6}x\right)-\left(-\dfrac{2}{3}x+\dfrac{1}{3}\right)$

月　日

1次式と数の乗法

合格点 80点

得点 　点

解答 ➡ P.70

1 次の計算をしなさい。（5点×8）

(1) $3a\times5$

(2) $4x\times8$

(3) $5x\times(-5)$

(4) $9\times(-2y)$

(5) $(-6a)\times\frac{1}{2}$

(6) $8b\times\left(-\frac{1}{4}\right)$

(7) $-\frac{2}{3}\times6y$

(8) $10x\times\left(-\frac{4}{15}\right)$

2 次の計算をしなさい。（6点×2）

(1) $2(a-2)$

(2) $(a-5)\times(-3)$

3 次の計算をしなさい。（8点×6）

(1) $\frac{1}{2}(-4a+8)$

(2) $-15\left(\frac{2x-5}{3}\right)$

(3) $\left(\frac{2}{3}a+\frac{1}{4}\right)\times(-6)$

(4) $\left(\frac{1}{3}a+\frac{5}{4}\right)\times(-12)$

(5) $20\times\frac{3a-1}{4}$

(6) $\frac{-4x+7}{3}\times(-9)$

1次式と数の除法

合格点 80点
得点　　点
解答 ➡ P.70

1 次の計算をしなさい。（5点×8）

(1) $20a \div 4$

(2) $16x \div 8$

(3) $12y \div (-3)$

(4) $(-18x) \div 6$

(5) $(-5b) \div \frac{5}{4}$

(6) $(-6a) \div \left(-\frac{4}{5}\right)$

(7) $\frac{2}{9}x \div 4$

(8) $\frac{2}{3}a \div \left(-\frac{8}{15}\right)$

2 次の計算をしなさい。（7点×6）

(1) $(6x+4) \div 2$

(2) $(12a+15) \div 3$

(3) $(8x+6) \div (-2)$

(4) $(16a-12) \div (-4)$

(5) $(-30x+25) \div (-5)$

(6) $(8x+3) \div (-0.5)$

3 次の計算をしなさい。（9点×2）

(1) $\left(\frac{4}{5}p - \frac{2}{3}\right) \div 2$

(2) $\left(-\frac{5}{9}a + \frac{1}{3}\right) \div \left(-\frac{5}{6}\right)$

35 いろいろな計算

合格点 80点
得点 　　点
解答 ➡ P.71

1 次の計算をしなさい。（5点×4）

(1) $2(3x+2)+(-2x+3)$

(2) $(5x+1)-3(4x-1)$

(3) $9-5(x+2)$

(4) $7(3x-2)-15x$

2 次の計算をしなさい。（8点×10）

(1) $4(-2a+3)+3(4-5a)$

(2) $3(2x+3)-5(-3x+6)$

(3) $-5(3a+6)+3(2a+5)$

(4) $-7(-2a-5)-4(5a+1)$

(5) $4(4x-2)+6(3x+2)$

(6) $a-6-\frac{1}{3}(3a-9)$

(7) $\frac{1}{4}(4a-16)+\frac{1}{3}(6a-3)$

(8) $-\frac{1}{5}(-10a+5)-\frac{3}{4}(4-12a)$

(9) $\frac{x+1}{2}+\frac{x-3}{3}$

(10) $a-1-\frac{a-3}{3}$

関係を表す式 ①

1 次の数量の関係を，等式で表しなさい。（11点 × 5）

(1) ある数 x より 5 大きい数は，26 である。

(2) 1000 円札を出して，x 円のゲームを買ったら，50 円のおつりがあった。

(3) 毎分 xm の速さで 5 分間歩いたら，400m 進んだ。

(4) 最初，兄は x 円，弟は y 円持っていた。兄が弟に 500 円渡（わた）したところ，2 人の持っている金額は同じになった。

(5) まわりの長さが ℓcm である正方形の面積は Scm^2 である。

2 次の数量の関係を，等式で表しなさい。（15点 × 3）

(1) 1 冊 150 円のノートを a 冊と，1 本 50 円の鉛筆（えんぴつ）を b 本買うと，代金の合計は 1000 円になる。

(2) 300 ページある小説を，1 日 a ページずつ x 日間読んだところ，55 ページ残った。

(3) 原価 A 円で仕入れた品物を，p 割の利益を見こんで定価をつけたところ B 円になった。

関係を表す式 ②

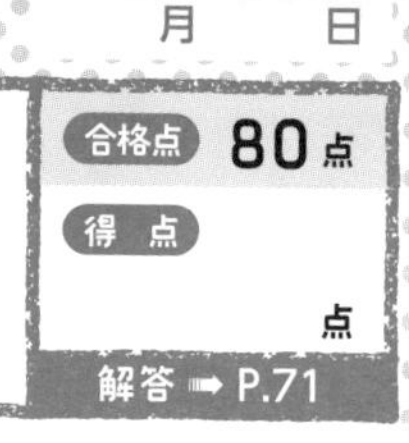

1 次の数量の関係を，不等式で表しなさい。（10点×4）

(1) 3 とある数 x との和の 2 倍は，10 より大きい。

(2) 5 人で 3000 円のサッカーボールを 1 個買うのに，1 人 a 円ずつ集めたのではたりない。

(3) 1 個 120 円のりんごを x 個と，1 個 80 円のみかんを y 個買うと，1000 円以下になる。

(4) 姉は色紙を a 枚，妹は b 枚持っている。姉が妹に 15 枚の色紙を渡（わた）すと，姉の持っている色紙は妹の 2 倍以上になる。

2 次の数量の関係を，不等式で表しなさい。（15点×4）

(1) 底辺が $x$cm，高さが 3cm の三角形の面積は，底辺が $y$cm，高さが 6cm の平行四辺形の面積より大きい。

(2) 1 本 adL 入りのジュース 5 本と，1 本 bL 入りのジュース 2 本があるとき，7 本の平均のジュースの量は，cdL より少なくなる。

(3) a%の食塩水 150g にふくまれている食塩の量は，bg 以下である。

(4) 片道 $x$km の 2 地点間を往復するのに，行きは時速 4km で行き，帰りは時速 6km で帰ってきた。このとき往復にかかった時間は，y 時間以上であった。

月　日

まとめテスト④

合格点 80点
得点　　点
解答 ➡ P.72

1 次の計算をしなさい。（7点×8）

(1) $(2x-6)+(-x+5)$

(2) $(-3x+4)-(4x-9)$

(3) $\left(\frac{1}{2}a+2\right)+\left(\frac{3}{2}a-4\right)$

(4) $\left(a-\frac{1}{2}\right)-\left(a+\frac{1}{3}\right)$

(5) $-\frac{2}{5}x\times10$

(6) $15x\div\left(-\frac{3}{2}\right)$

(7) $6\left(\frac{2}{3}a-\frac{1}{4}\right)$

(8) $(-40a-12)\div4$

2 次の計算をしなさい。（7点×4）

(1) $3(2x+2)+2(3x-3)$

(2) $-2(x-5)-3(2x+1)$

(3) $5(a-2)+\frac{1}{2}(4a+6)$

(4) $-\frac{2}{3}(6a+3)-\frac{1}{5}(5a-15)$

3 次の数量の関係を，等式または不等式で表しなさい。（8点×2）

(1) 10 km の道のりを時速 x km で行ったときと，時速 y km で行ったときでは，時速 y km で行ったほうが早く着く。

(2) 定価 a 円の品物を 3 割引きの値段で b 個買った代金が c 円である。

月　日

39 方程式とその解

合格点 80点
得点　点
解答 ➡ P.72

1 次の**ア**～**エ**の方程式の中から，解が -2 であるものをすべて選びなさい。（10点）

ア $x-5=2$　**イ** $6x+12=0$　**ウ** $7+4x=3$　**エ** $4+2x=3(2+x)$

2 方程式 $2(3x+2)=-8$ を次のように解きました。式の変形で用いた等式の性質について，(　)にあてはまることばを書きなさい。（10点×3）

$2(3x+2)=-8$
　両辺を（(1)　　　　　　）
$3x+2=-4$
　両辺から（(2)　　　　　　）
$3x=-6$
　両辺を（(3)　　　　　　）
$x=-2$

3 等式の性質を使って，次の方程式を解きなさい。（10点×6）

(1) $x+7=10$

(2) $-6+x=4$

(3) $0.2-x=1.5$

(4) $8x=-48$

(5) $\frac{1}{2}x=6$

(6) $-\frac{6}{5}x=12$

1次方程式の解き方

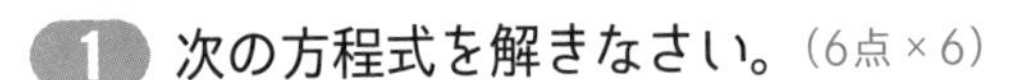

合格点 80点
得点 点
解答 ➡ P.72

1 次の方程式を解きなさい。(6点×6)

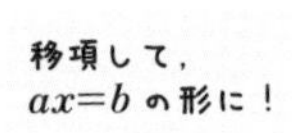

(1) $x+4=6$

(2) $5x=x-8$

(3) $2x+6=-x$

(4) $-x-2=-4$

(5) $45-2x=7x$

(6) $-5x-6=-3x$

2 次の方程式を解きなさい。(8点×8)

(1) $4x+8=3x+10$

(2) $5x-9=8x+6$

(3) $5x=-7x-6$

(4) $6x+2=-2x-22$

(5) $-5x+4=-x+8$

(6) $7x+3=23-3x$

(7) $30x-140=25x+50$

(8) $5x+90=6x+42$

41 いろいろな方程式 ①

合格点 80点
得点 点
解答 ➡ P.73

1 次の方程式を解きなさい。(6点×6)

(1) $-(2x+3)=-5$

(2) $-(2x-5)=-7$

(3) $3(x-2)+1=7$

(4) $-4-5(x+1)=1$

(5) $x+2(x+2)=-5$

(6) $-(2x+3)+4x=9$

2 次の方程式を解きなさい。(8点×8)

(1) $5x=3(2x+1)$

(2) $3(2x+7)=3x$

(3) $-(x-4)=3x+3$

(4) $4(1-x)+1=2x-1$

(5) $2(5x-2)+2=3x+12$

(6) $2+3(3x-1)=4x+9$

(7) $3(x+2)=2(x+1)$

(8) $3(x-2)=13-4(x+3)$

月　日

いろいろな方程式 ②

合格点 80点
得点　　点

解答 ➡ P.73

1 次の方程式を解きなさい。(6点×6)

(1) $\frac{x}{3}-2=3$

(2) $\frac{3}{4}x+1=-5$

(3) $\frac{1}{6}x+\frac{7}{6}x=1$

(4) $\frac{2}{5}x+\frac{4}{5}x=-2$

(5) $\frac{x}{3}=\frac{2}{3}x+2$

(6) $\frac{x}{4}-2=\frac{3}{4}x$

2 次の方程式を解きなさい。(8点×8)

(1) $\frac{x}{2}-3=\frac{3}{4}x$

(2) $\frac{2}{3}x=\frac{x}{6}+2$

(3) $-\frac{2}{5}x+3=-\frac{1}{2}x+2$

(4) $\frac{1}{2}x+\frac{3}{4}=\frac{1}{8}x-\frac{3}{2}$

(5) $\frac{3x+1}{4}=\frac{2}{5}x+2$

(6) $\frac{x}{3}-3=\frac{x+1}{6}$

(7) $\frac{x+3}{5}=\frac{x+6}{6}$

(8) $\frac{x+2}{3}-\frac{x-1}{4}=1$

月　日

いろいろな方程式 ③

合格点 80点
得点 　点
解答 ➡ P.73

1 次の方程式を解きなさい。(6点×6)

(1) $0.2x+0.5=-0.1$

(2) $0.3-0.4x=-0.5$

(3) $0.05x-0.07=0.03$

(4) $-0.21+0.08x=0.11$

(5) $0.2(x+2)=1.6$

(6) $0.04(2x-6)=-0.8$

2 次の方程式を解きなさい。(8点×8)

(1) $0.8x+1.4=1.5x$

(2) $1.3x=-3.6-0.5x$

(3) $0.5x-1.2=0.3x+0.2$

(4) $2.4x-1.8=1.2-0.6x$

(5) $0.35x+1.04=0.09x$

(6) $0.45x-0.07=0.35x-0.67$

(7) $0.3(3x+6)=0.2(2x-1)$

(8) $0.8(2x-2)-2x=0.3(5-x)$

月　日

44 比例式

合格点 80点
得点　　点

解答 ➡ P.74

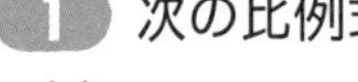

1 次の比例式で，xの値を求めなさい。（6点×6）

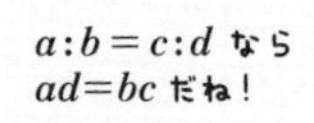

(1) $8:x=2:3$

(2) $7:5=21:x$

(3) $x:16=3:8$

(4) $15:3=x:2$

(5) $6:7=x:35$

(6) $8:x=3:9$

2 次の比例式で，xの値を求めなさい。（8点×8）

(1) $12:(x-5)=4:3$

(2) $(x+1):14=4:7$

(3) $2:9=6:(x+8)$

(4) $(x-3):3=(x+1):4$

(5) $2:3=x:\frac{9}{2}$

(6) $x:6=4:15$

(7) $\frac{x}{7}:5=6:7$

(8) $16:6=12:\frac{x}{2}$

解答 ➡ P.74

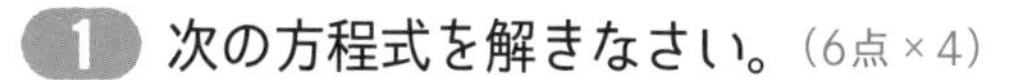

1 次の方程式を解きなさい。(6点×4)

(1) $\frac{2}{7}x=16$

(2) $5x-21=-2x$

(3) $4-8x=-6x-2$

(4) $3x+24=8x-6$

2 次の方程式を解きなさい。(8点×8)

(1) $3(x+2)=4x-5$

(2) $6(x-1)=4(x-8)$

(3) $2x-1=\frac{x+7}{3}$

(4) $\frac{x+2}{7}=\frac{x+14}{3}$

(5) $0.5x+1.2=2.6-0.2x$

(6) $0.2(2x-2)=0.3(3x+7)$

(7) $\frac{3}{5}x-3.6=\frac{1}{3}x-2$

(8) $2-\frac{x-4}{3}=0.5x$

3 次の比例式で，xの値を求めなさい。(6点×2)

(1) $12:15=20:x$

(2) $12:(x+1)=3:4$

月　日

比例の式 ①

合格点 80点
得点 点
解答 ➡ P.74

1 次の x の変域を，不等号を使って表しなさい。(7点×4)

(1) x は，3 より大きく，7 未満

(2) x は，5 以上 10 以下

(3) x は，-4 より大きく，6 以下

(4) x は，-3 以上 7 未満

2 次のような 2 つの数量 x，y について，y を x の式で表しなさい。また，比例定数も答えなさい。(5点×6)

(1) 1 辺 $x$cm の正方形の周の長さを $y$cm とする。

(2) 時速 30km の速さで走行する列車が，x 時間に進む道のりを $y$km とする。

(3) 底辺が $x$cm，高さが 7cm の三角形の面積を $y\text{cm}^2$ とする。

3 $y=4x$ について，次の問いに答えなさい。

(1) 次の表の空らんをうめなさい。(4点×7)

x	…	-3	-2	-1	0	1	2	3	…
y	…								…

(2) 比例定数を答えなさい。(7点)

(3) x の値が 3 倍になると，対応する y の値は何倍になるか答えなさい。(7点)

1 y は x に比例し，$x=4$ のとき $y=-16$ です。このとき，次の問いに答えなさい。（14点×2）

(1) y を x の式で表しなさい。

(2) $x=-6$ のときの y の値を求めなさい。

2 y は x に比例し，$x=8$ のとき $y=-2$ です。このとき，次の問いに答えなさい。（14点×2）

(1) y を x の式で表しなさい。

(2) $x=12$ のときの y の値を求めなさい。

3 y は x に比例し，$x=6$ のとき $y=27$ です。このとき，次の問いに答えなさい。

(1) y を x の式で表しなさい。（14点）

(2) $y=45$ のときの x の値を求めなさい。（14点）

(3) x の変域が $2 \leqq x \leqq 14$ のとき，y の変域を求めなさい。（16点）

反比例の式 ①

1 次のような2つの数量 x，y について，y を x の式で表しなさい。また，比例定数も答えなさい。（6点×10）

(1) 面積が 18 cm^2 の平行四辺形の底辺を x cm，高さを y cm とする。

(2) 2L の水を x 個のコップに等分するとき，コップ1個の水のかさを yL とする。

(3) 15km の道のりを時速 $x$km の速さで歩くと，y 時間かかるとする。

(4) 240 ページの本を1日に x ページずつ読むと，y 日でちょうど読み終えるとする。

(5) 3m のリボンを $x$cm ずつに切ると，ちょうど y 本に分けられるとする。

2 $y=\dfrac{6}{x}$ について，次の問いに答えなさい。

(1) 次の表の空らんをうめなさい。（4点×6）

x	…	-3	-2	-1	0	1	2	3	…
y	…				╳				…

(2) 比例定数を答えなさい。（8点）

(3) x の値が3倍になると，対応する y の値は何倍になるか答えなさい。（8点）

月　日

反比例の式 ②

1 y は x に反比例し，$x=2$ のとき $y=-6$ です。このとき，次の問いに答えなさい。（14点×2）

(1) y を x の式で表しなさい。

(2) $x=-2$ のときの y の値を求めなさい。

2 y は x に反比例し，$x=9$ のとき $y=6$ です。このとき，次の問いに答えなさい。（14点×2）

(1) y を x の式で表しなさい。

(2) $x=3$ のときの y の値を求めなさい。

3 y は x に反比例し，$x=15$ のとき $y=\frac{1}{3}$ です。このとき，次の問いに答えなさい。

(1) y を x の式で表しなさい。（14点）

(2) $y=\frac{1}{2}$ のときの x の値を求めなさい。（14点）

(3) x の変域が $1 \leqq x \leqq 60$ のとき，y の変域を求めなさい。（16点）

まとめテスト ⑥

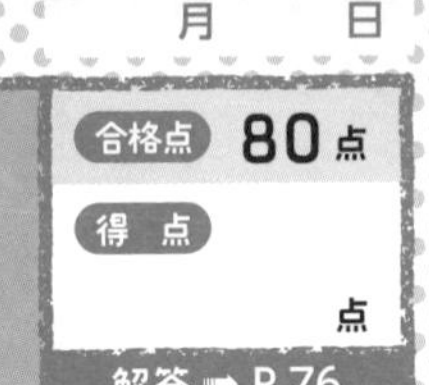

解答 ➡ P.76

1 次のア～カの式で表される x と y の関係のうち，y が x に比例するもの，y が x に反比例するものをそれぞれ選びなさい。（20点）

ア $y=3x$　　イ $xy=7$　　ウ $y-6x=0$

エ $y=\frac{x}{3}$　　オ $y=\frac{4}{x}$　　カ $4x-y=-2$

2 次の(1)～(4)について，y を x の式で表しなさい。また，y が x に比例するものに○，反比例するものに×をつけなさい。（10点×4）

(1) 1冊80円のノートを x 冊買ったときの代金を y 円とする。

(2) 分速 x m の速さで y 分進んだときの道のりを 300 m とする。

(3) 底辺が x cm，高さが y cm の三角形の面積を 14 cm^2 とする。

(4) 原価250円の品物に，x 割の利益を見こんで定価をつけるとき，利益を y 円とする。

3 次の問いに答えなさい。（20点×2）

(1) y は x に比例し，$x=9$ のとき $y=21$ です。$x=15$ のときの y の値を求めなさい。

(2) y は x に反比例し，$x=24$ のとき $y=-\frac{1}{4}$ です。$x=2$ のときの y の値を求めなさい。

月　日

51 おうぎ形の弧の長さと面積 ①

得点　　点

解答 ➡ P.76

1 次のおうぎ形の弧(こ)の長さと面積を求めなさい。(12点×4)

(1)

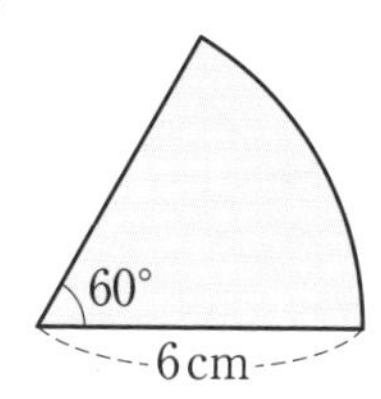

(2)

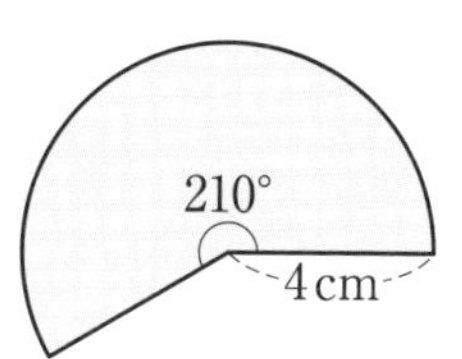

2 半径 5 cm，面積 $10\pi\mathrm{cm}^2$ のおうぎ形の中心角を求めなさい。(16点)

中心角を x°として考えよう。

3 半径 6 cm，弧の長さ 4π cm のおうぎ形の中心角と面積を求めなさい。

(18点×2)

月　日

おうぎ形の弧の長さと面積 ②

1 右の図のような，おうぎ形を組み合わせてできた図形のまわりの長さと面積を求めなさい。(12点×2)

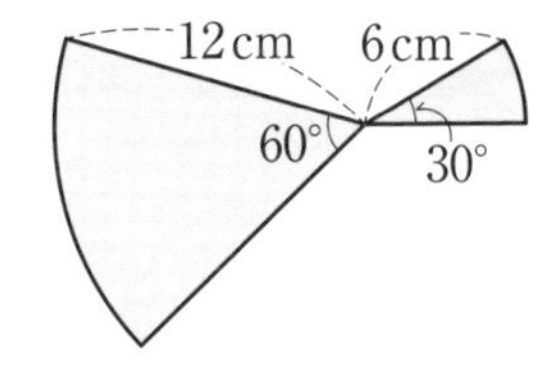

2 右の図のような，おうぎ形を組み合わせてできた図形があります。色のついた部分のまわりの長さと面積を求めなさい。(12点×2)

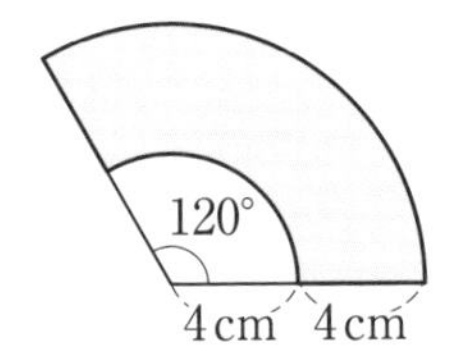

3 右の図のような，正方形とおうぎ形を組み合わせてできた図形があります。色のついた部分のまわりの長さと面積を求めなさい。(13点×2)

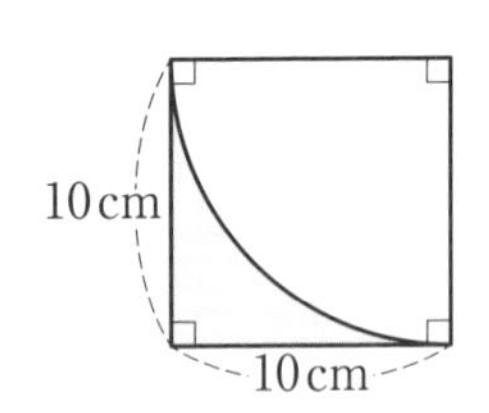

4 右の図のような，おうぎ形を組み合わせてできた図形があります。色のついた部分のまわりの長さと面積を求めなさい。(13点×2)

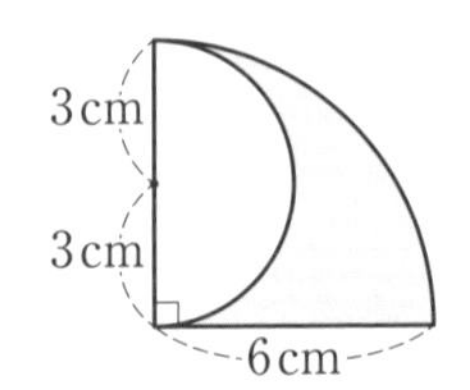

53 立体の体積と表面積 ①

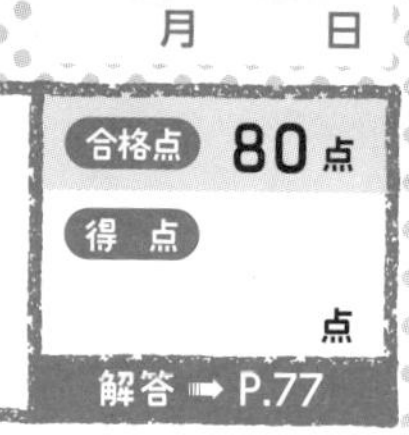

1 次の三角柱の体積と表面積を求めなさい。（10点 × 4）

(1)

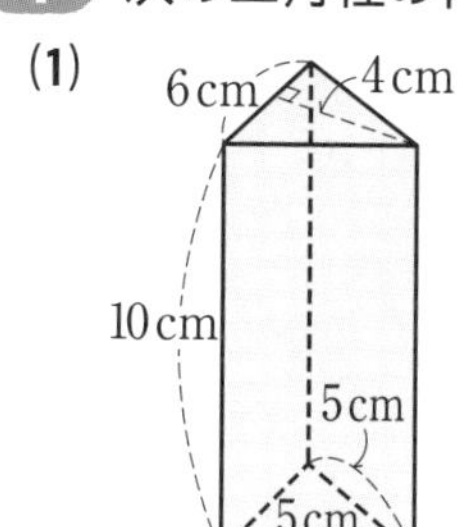

(2)

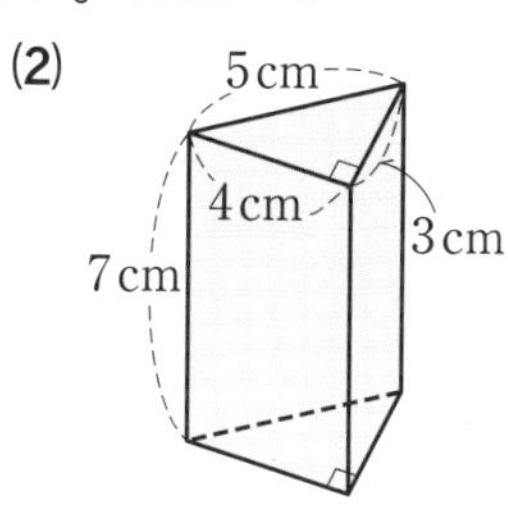

2 次の立体について，x の値を求めなさい。（15点 × 2）

(1) 側面積 $90\,\text{cm}^2$ の正五角柱

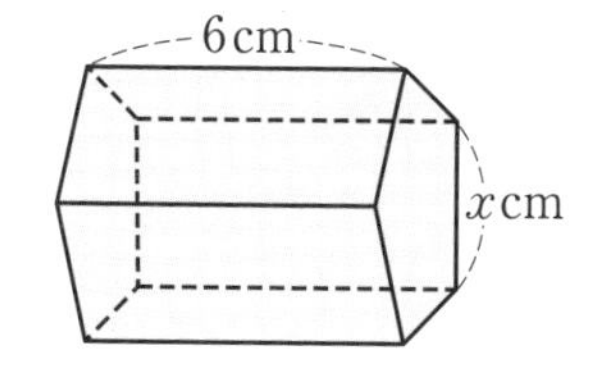

(2) 体積 $135\,\text{cm}^3$ の三角柱

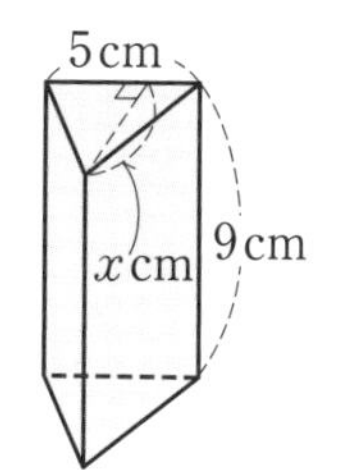

3 右の角柱の体積と表面積を求めなさい。（15点 × 2）

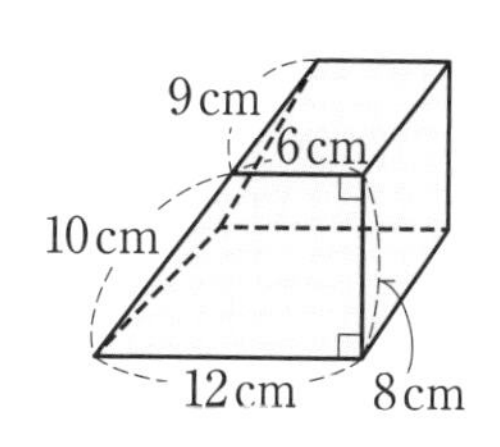

底面はどこになるのか考えよう。

54 立体の体積と表面積 ②

1 次の図の円柱の体積と表面積を求めなさい。（10点×4）

(1)

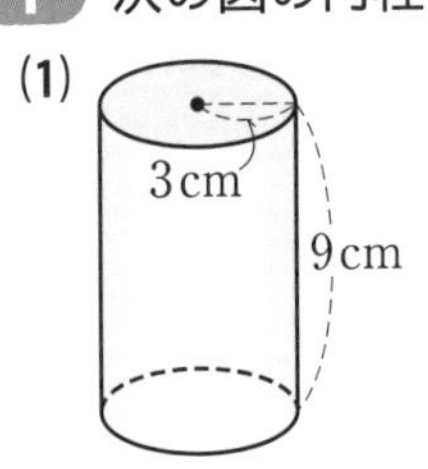

(2)

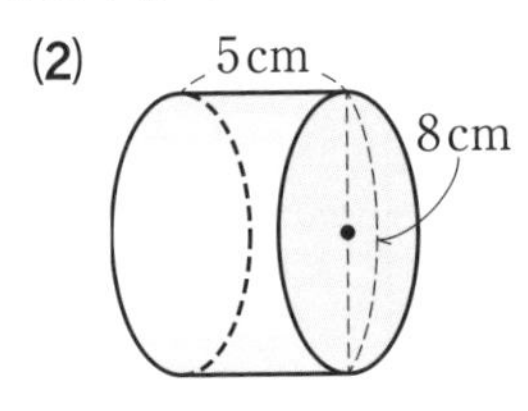

2 次の展開図や投影図（とうえいず）で表された円柱の体積と表面積を求めなさい。

（10点×4）

(1)

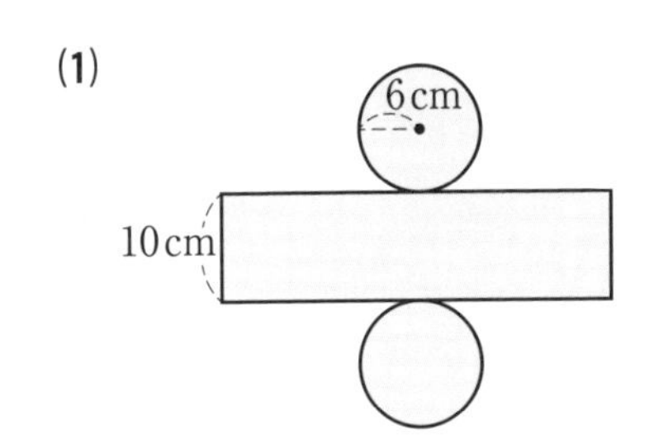

(2)

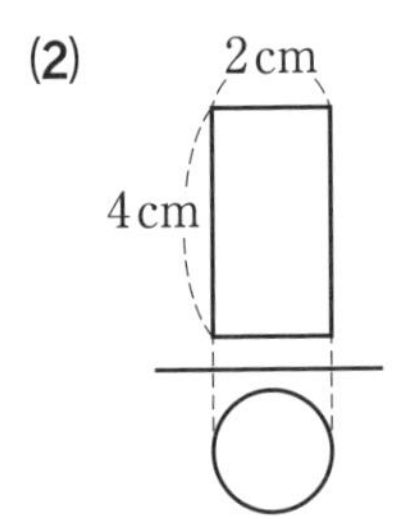

3 右の図のように，直方体から底面の半径が **1cm** の円柱をくりぬいた立体があります。この立体の体積と表面積を求めなさい。（10点×2）

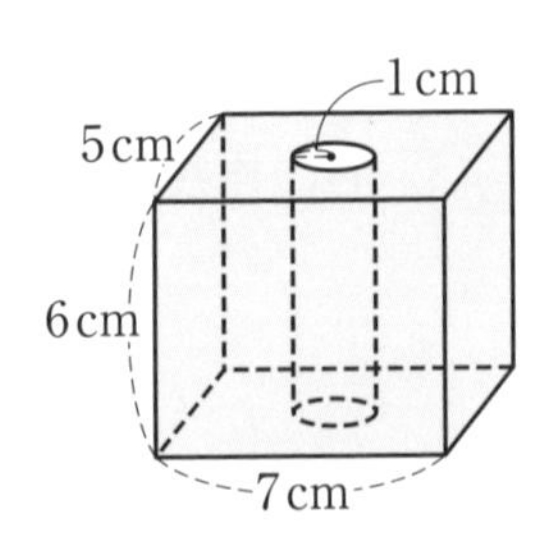

立体の体積と表面積 ③

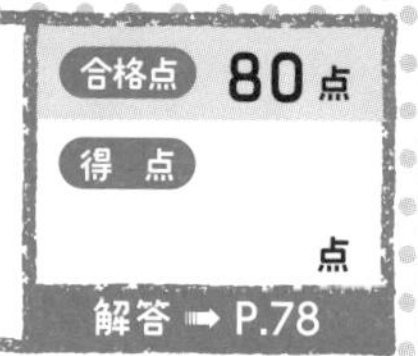

1 次の立体の体積を求めなさい。（16点×2）

(1) 三角錐（さんかくすい）

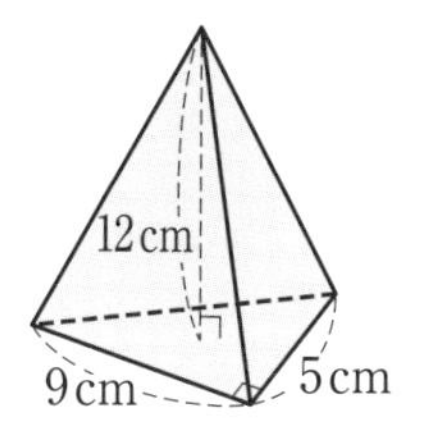

(2) 直方体から三角錐を切り取った立体

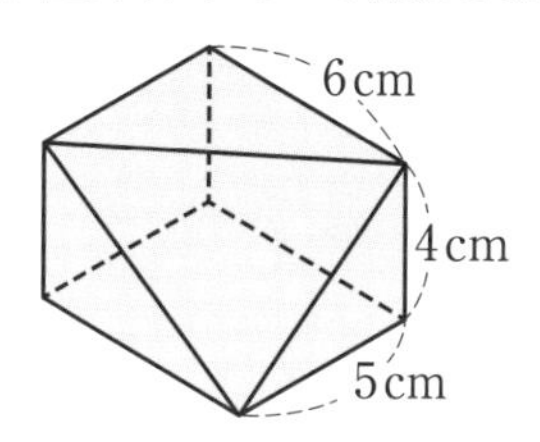

2 次の立体の表面積を求めなさい。（17点×2）

(1) 正四角錐

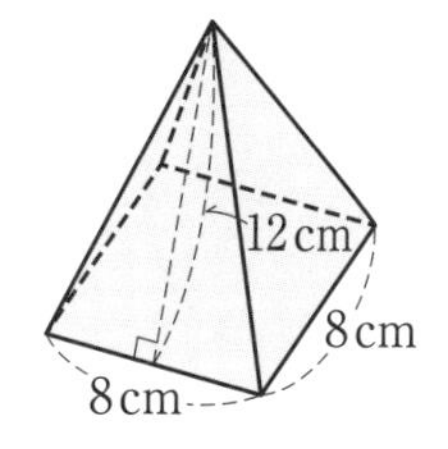

(2) 直方体と正四角錐を組み合わせた立体

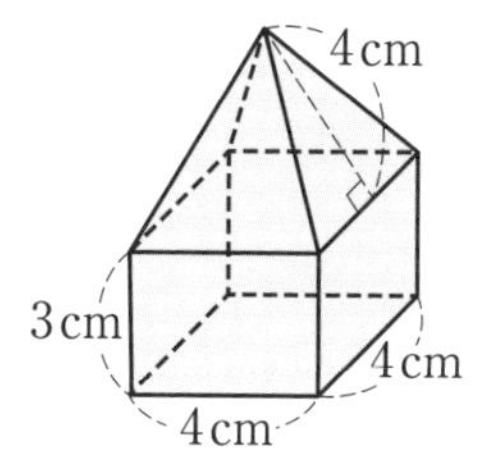

3 右の図は三角錐 ABCD とその展開図です。展開図は 1 辺 18 cm の正方形で，点 B，点 D はそれぞれ辺の中点です。このとき三角錐 ABCD の体積と表面積を求めなさい。（17点×2）

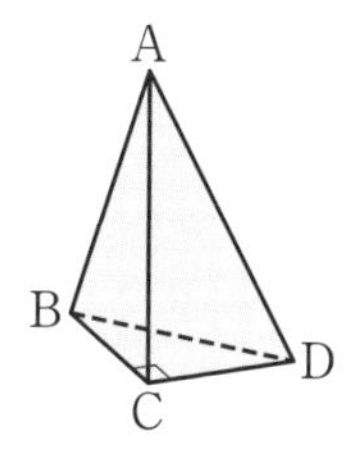

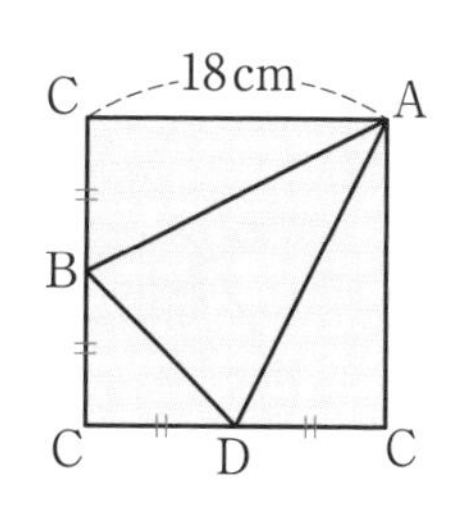

立体の体積と表面積 ④

1 次の円錐（えんすい）および円錐の一部を切り取ってできた立体の体積を求めなさい。（14点×2）

(1)

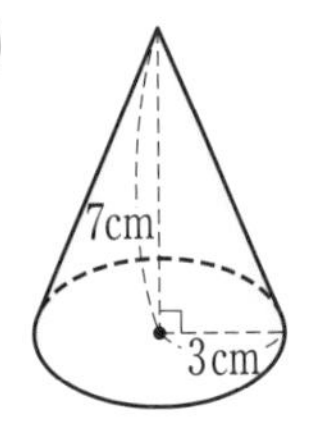

(2)

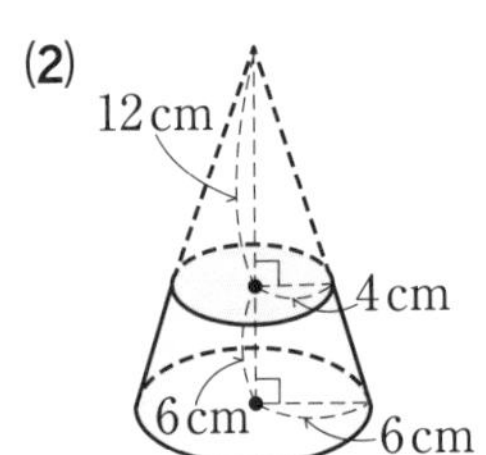

2 右の展開図からできる円錐の表面積を求めなさい。（16点）

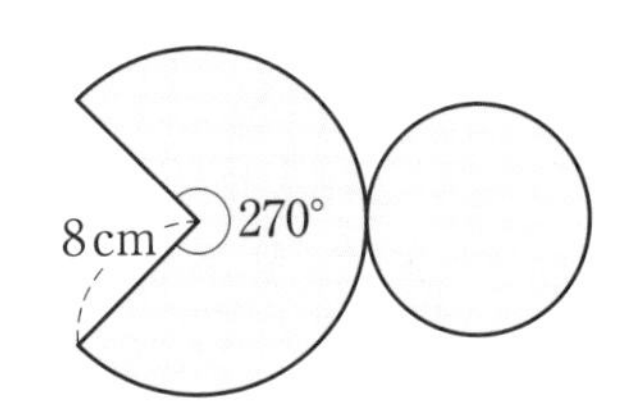

3 次の円錐の体積と表面積を求めなさい。（14点×4）

(1)

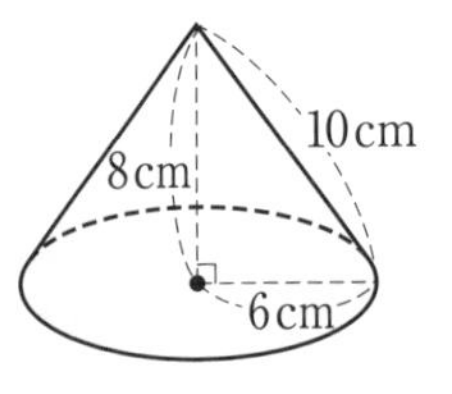

(2)

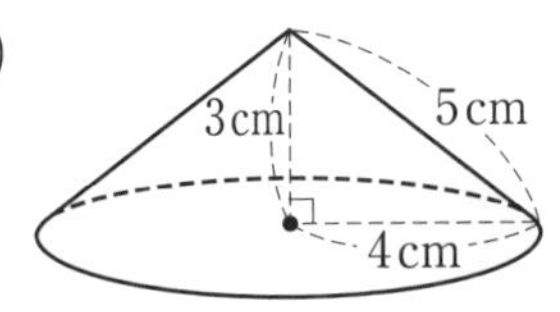

立体の体積と表面積 ⑤

1 次の球の体積と表面積を求めなさい。(10点×4)

(1) 半径 3 cm

(2) 直径 18 cm

2 右の半球の体積と表面積を求めなさい。(15点×2)

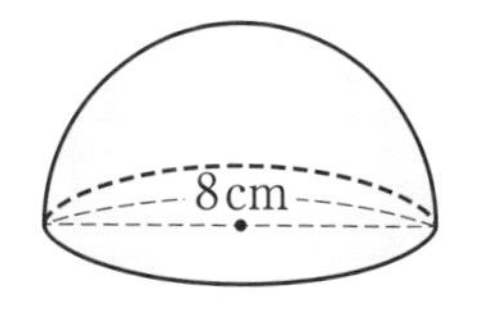

3 右の円錐(えんすい)，球，円柱について，次の問いに答えなさい。(15点×2)

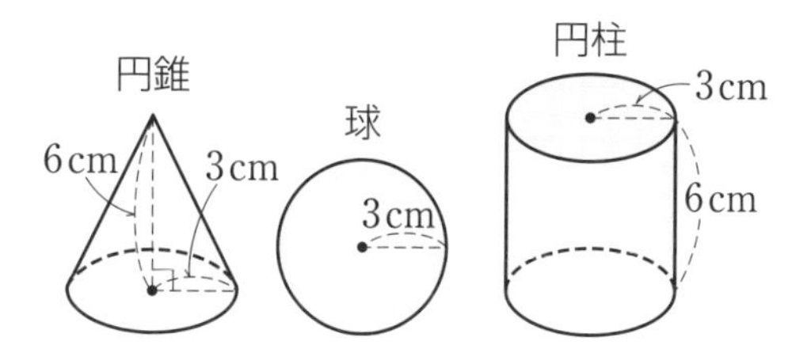

(1) 球の体積は円柱の体積の何倍になっているか求めなさい。

(2) 球の体積は円錐の体積の何倍になっているか求めなさい。

立体の体積と表面積 ⑥

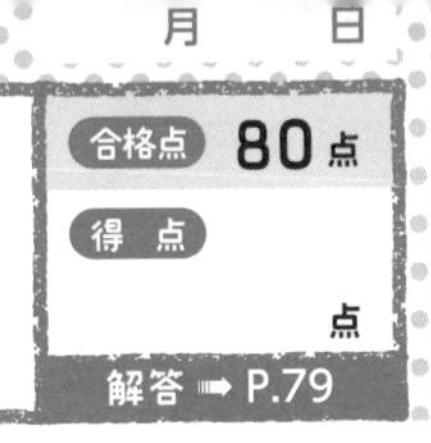

1 右の図のような台形を，直線 ℓ を軸として1回転させたとき，できる立体の体積を求めなさい。（20点）

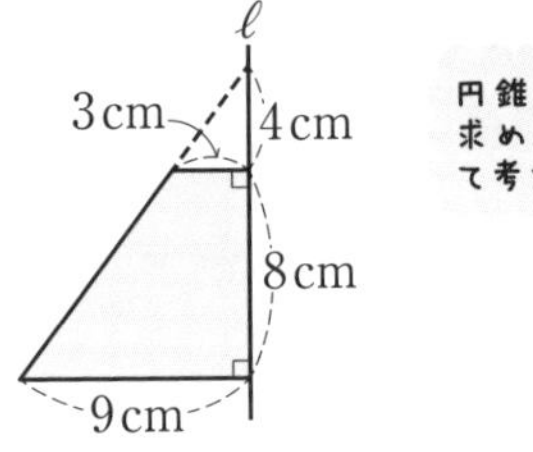

2 右の図のような図形を，直線 ℓ を軸として1回転させたとき，できる立体の体積と表面積を求めなさい。

（20点×2）

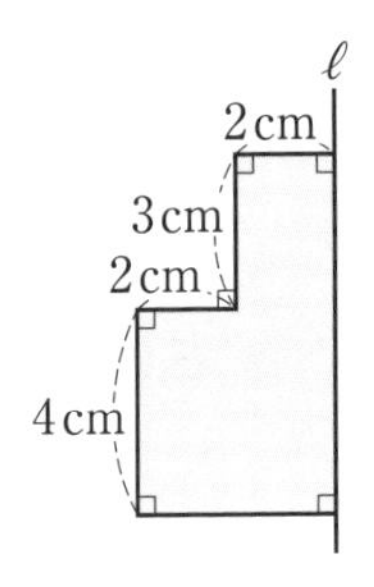

3 右の図のような図形を，直線 ℓ を軸として1回転させたとき，できる立体の体積と表面積を求めなさい。

（20点×2）

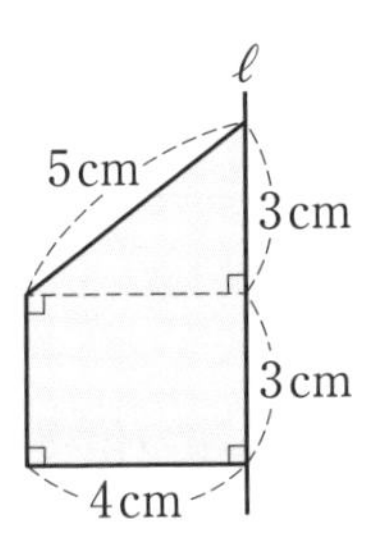

まとめテスト ⑦

80点

得点

点

解答 ➡ P.80

1 右の展開図からできる円錐（えんすい）の側面積を求めなさい。（16点）

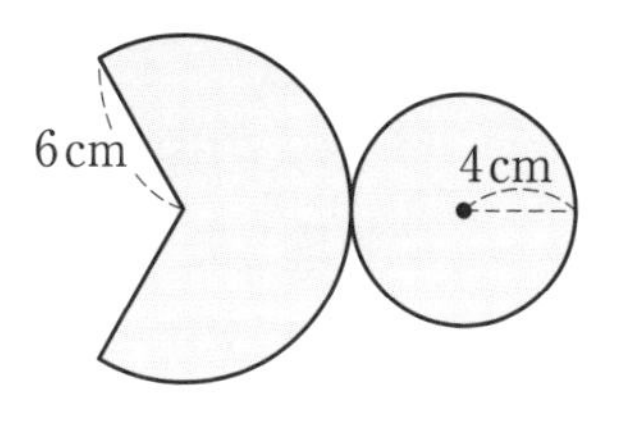

2 右の立体の体積と表面積を求めなさい。（12点×2）

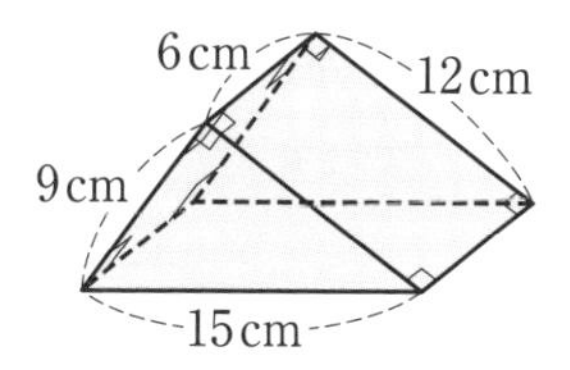

3 右の図は，同じ大きさの底面をもつ円柱と円錐でできた立体である。この立体の体積と表面積を求めなさい。（16点×2）

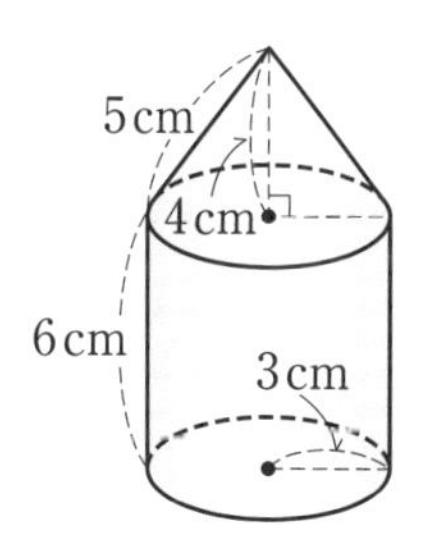

4 右の図のような半円を，直線 ℓ を軸（じく）として 1 回転させたとき，できる立体の体積と表面積を求めなさい。（14点×2）

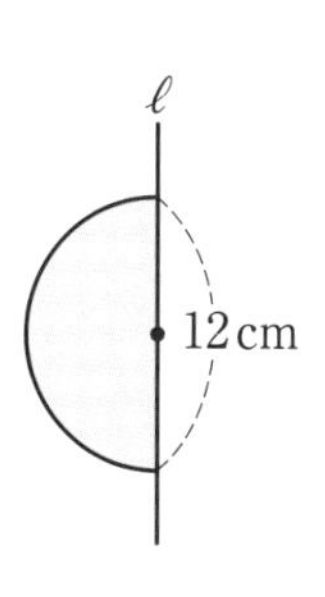

月　日

60 度数分布表と起こりやすさ

合格点 80点
得 点 　点
解答 ➡ P.80

1 右の表は，ある中学校の１年１組の生徒 28 人の通学時間を調べて度数分布表に整理したものです。

１年１組の通学時間

通学時間(分)	度数(人)
以上　未満	
0 ～ 5	2
5 ～ 10	5
10 ～ 15	8
15 ～ 20	7
20 ～ 25	4
25 ～ 30	2
合計	28

(1) 0 分以上 5 分未満の階級の相対度数を，四捨五入して，小数第 2 位まで求めなさい。(10点)

(2) 10 分以上 15 分未満の階級の相対度数を，四捨五入して小数第 2 位まで求めなさい。(10点)

(3) 15 分以上 20 分未満の階級の累積度数(るいせきどすう)を求めなさい。(8点)

2 下の表は，さいころを，10 回，100 回，500 回，1000 回と投げたとき，出た目ごとに回数を記録したものです。表の空らんの相対度数をそれぞれ四捨五入して小数第 2 位まで求めなさい。(6点×12)

出た目	10 回		100 回		500 回		1000 回	
	度数(回)	相対度数	度数(回)	相対度数	度数(回)	相対度数	度数(回)	相対度数
1	1	0.10	22	0.22	76		161	
2	2	0.20	7	0.07	67		153	
3	2	0.20	13	0.13	83		157	
4	2	0.20	21	0.21	101		183	
5	0	0.00	16	0.16	93		175	
6	3	0.30	21	0.21	80		171	
合計	10	1.00	100	1.00	500	1.00	1000	1.00

解答編

計算1年

▶正の数・負の数

1 正の数・負の数

❶ (1) -2　(2) $+6$　(3) -0.8　(4) $+\frac{3}{4}$

❷ (1) $-6>-9$

(2) $-0.51<-0.5<+0.05$

❸ (1) -1.5, -10, $-\frac{1}{4}$, -8

(2) $+9.5$, -10, -8

(3) -10, -8, -1.5, $-\frac{1}{4}$, $+\frac{1}{2}$, 2, $+4$, $+9.5$

(4) -10, $+9.5$, -8, $+4$, 2, -1.5, $+\frac{1}{2}$, $-\frac{1}{4}$

(5) $+4$, 2

❹ 11, 13, 17, 19

解き方考え方

❶ 0より大きい数には正の符号＋，0より小さい数には負の符号－をつける。

❸ (3)負の数は，絶対値が大きいほど小さい。

(5)正の整数を自然数という。

❹ 2以上の自然数で，1とその数自身しか約数をもたない数を**素数**という。偶数(ぐうすう)は2でわりきれるので素数ではない。15も3や5でわりきれる。

2 正の数・負の数の加法 ①

❶ (1) $+10$　(2) -13　(3) $+9$　(4) -11

(5) -20　(6) $+32$　(7) -90　(8) $+53$

(9) -99　(10) $+75$

❷ (1) $+1$　(2) -4　(3) -8　(4) $+3$

(5) -26　(6) $+40$　(7) $+1$　(8) $+36$

(9) -28　(10) -49

解き方考え方

❶ 同符号(どうふごう)の2数の和は，絶対値の和に共通の符号をつける。

❷ 異符号の2数の和は，絶対値の差に絶対値の大きいほうの符号をつける。

3 正の数・負の数の加法 ②

❶ (1) $+10$　(2) -20.7　(3) -1　(4) $+\frac{5}{7}$

(5) $-\frac{7}{6}$　(6) $+\frac{17}{20}$　(7) $-\frac{3}{2}$　(8) $+\frac{19}{35}$

❷ (1) $+3$　(2) $+1$　(3) -9　(4) -10.1

(5) $+\frac{1}{12}$　(6) $-\frac{33}{56}$　(7) $+\frac{1}{24}$　(8) $-\frac{3}{10}$

(9) $-\frac{1}{20}$　(10) $+\frac{3}{2}$

解き方考え方

❶ 分母が異なる分数は，通分してたす。

(5) $\left(-\frac{2}{3}\right)+\left(-\frac{1}{2}\right)=\left(-\frac{4}{6}\right)+\left(-\frac{3}{6}\right)=-\frac{7}{6}$

❷ 答えの符号(ふごう)に注意する。

(9)小数を分数になおすと計算できる。

$\left(+\frac{3}{4}\right)+(-0.8)=\left(+\frac{3}{4}\right)+\left(-\frac{8}{10}\right)$

$=\left(+\frac{15}{20}\right)+\left(-\frac{16}{20}\right)=-\frac{1}{20}$

4 正の数・負の数の減法 ①

❶ (1) $+5$　(2) -5　(3) -5　(4) -7

(5) $+21$　(6) -29　(7) $+22$　(8) -9

(9) $+11$　(10) -15

❷ (1) $+15$　(2) -13　(3) -8　(4) $+8$

(5) -20　(6) -49　(7) $+60$　(8) $+54$

(9) $+41$　(10) -97

解答

解き方考え方

1 正の数や負の数をひくことは，その数の符号(ふごう)を変えて加えることと同じである。

(2) $(+3)-(+8)=(+3)+(-8)=-5$

(3) $(-9)-(-4)=(-9)+(+4)=-5$

2 (1) $(+10)-(-5)=(+10)+(+5)=+15$

(2) $(-5)-(+8)=(-5)+(-8)=-13$

(9) $0-(-41)=0+(+41)=+41$

5 正の数・負の数の減法 ②

1 (1) $+4$　(2) -5　(3) $+\frac{1}{9}$　(4) $+\frac{4}{7}$

(5) $-\frac{1}{10}$　(6) $+\frac{1}{5}$　(7) $-\frac{7}{12}$　(8) $+\frac{1}{30}$

2 (1) $+30$　(2) -11　(3) $+59.7$　(4) -80.4

(5) $+\frac{1}{2}$　(6) $+\frac{5}{9}$　(7) $-\frac{19}{15}$

(8) $+\frac{37}{5}$　(9) $+\frac{33}{10}$　(10) -1

解き方考え方

1 (6)答えが約分できるときは約分しておく。

$\left(+\frac{7}{10}\right)-\left(+\frac{1}{2}\right)=\left(+\frac{7}{10}\right)-\left(+\frac{5}{10}\right)$

$=\left(+\frac{7}{10}\right)+\left(-\frac{5}{10}\right)=+\frac{2}{10}=+\frac{1}{5}$

(7) $\left(-1\frac{1}{3}\right)-\left(-\frac{3}{4}\right)=\left(-\frac{4}{3}\right)-\left(-\frac{3}{4}\right)$

$=\left(-\frac{16}{12}\right)-\left(-\frac{9}{12}\right)=\left(-\frac{16}{12}\right)+\left(+\frac{9}{12}\right)$

$=-\frac{7}{12}$

2 (10) $(-0.75)-\left(+\frac{1}{4}\right)=\left(-\frac{75}{100}\right)+\left(-\frac{1}{4}\right)$

$=\left(-\frac{3}{4}\right)+\left(-\frac{1}{4}\right)=-\frac{4}{4}=-1$

6 正の数・負の数の加減 ①

1 (式は略) (1) 5　(2) -9　(3) 8　(4) 2

2 (1) 11　(2) -15　(3) -1　(4) 20　(5) 0

(6) 10　(7) 8　(8) -9

3 (1) -10　(2) 0　(3) 5　(4) -23

解き方考え方

1 計算の結果が正の数のときは，符号(ふごう)＋を省くことができる。

(1) $(+2)-(-8)-(+5)$

$=(+2)+(+8)+(-5)=2+8-5=5$

2 加法だけの式になおし，加法の記号＋を省き，かっこのない式にして計算する。

(1) $(-2)+(+8)-(-5)$

$=(-2)+(+8)+(+5)=-2+8+5=11$

3 (1) $(+9)-(+15)-(-1)+(-5)$

$=(+9)+(-15)+(+1)+(-5)$

$=9-15+1-5=9+1-15-5=10-20$

$=-10$

7 正の数・負の数の加減 ②

1 (1) -2.2　(2) 2.8　(3) 7.5　(4) -0.4

2 (1) $\frac{7}{9}$　(2) 0　(3) $\frac{1}{8}$　(4) $\frac{1}{4}$

3 (1) 0　(2) -15　(3) $\frac{2}{15}$　(4) $-\frac{29}{12}$

(5) $\frac{19}{12}$

解き方考え方

1 かっこを省いた式になおして，正の項(こう)どうし，負の項どうしを計算する。

(1) $(-0.4)-1+(-0.8)=-0.4-1-0.8$

$=-2.2$

(2) $1.6+(-2.2)-(-3.4)=1.6-2.2+3.4$

$=2.8$

2 (3)通分してから計算する。

$\frac{3}{8}-\frac{3}{4}+\left(+\frac{1}{2}\right)=\frac{3}{8}-\frac{6}{8}+\frac{4}{8}=\frac{1}{8}$

3 (4) $\frac{1}{2}-\left(+\frac{2}{3}\right)-\frac{1}{4}+(-2)$

$=\frac{6}{12}-\left(+\frac{8}{12}\right)-\frac{3}{12}+\left(-\frac{24}{12}\right)$

$=\frac{6}{12}-\frac{8}{12}-\frac{3}{12}-\frac{24}{12}=\frac{6}{12}-\frac{35}{12}=-\frac{29}{12}$

8 まとめテスト ①

1 (1) $-\frac{1}{3}<-0.3<\frac{1}{5}$

(2) $-1<0<0.1<\frac{1}{7}$

❷ (1) -16　(2) 11　(3) -17　(4) 2.9

(5) -0.4　(6) $\frac{1}{3}$

❸ (1) 10　(2) -3.6　(3) 8.4　(4) 2.1

(5) 1　(6) $-\frac{9}{4}$

解き方考え方

❶ 分数を小数になおして比べる。3つ以上の数の大小を表すときは，不等号の向きがすべて同じ向きになるように，数を並べかえて書く。

❸ (5) $\frac{1}{3}-\left(-\frac{1}{6}\right)-\left(-\frac{1}{2}\right)=\frac{2}{6}+\frac{1}{6}+\frac{3}{6}$

$=\frac{6}{6}=1$

(6) $\left(-\frac{2}{3}\right)+\left(-\frac{3}{4}\right)-\left(+\frac{5}{6}\right)$

$=-\frac{8}{12}-\frac{9}{12}-\frac{10}{12}=-\frac{27}{12}=-\frac{9}{4}$

9 正の数・負の数の乗法 ①

❶ (1) 6　(2) 20　(3) 48　(4) 63　(5) -21

(6) -72　(7) -60　(8) -88　(9) -100

(10) -210

❷ (1) -18　(2) 0　(3) -30　(4) -36

(5) 0　(6) -90　(7) -250　(8) -132

(9) 20　(10) -360

解き方考え方

❶ 2数の積の符号(ふごう)は，同符号では＋，異符号では－になる。

❷ (2)どんな数も，0との積は0になる。

(9) -1 に数をかけると，積はかけた数の符号を変えた数になる。

10 正の数・負の数の乗法 ②

❶ (1) 0.24　(2) 2.12　(3) 2.1　(4) 6.4

(5) $\frac{15}{7}$　(6) $\frac{4}{3}$　(7) $\frac{3}{10}$　(8) $\frac{15}{56}$

(9) $\frac{2}{3}$　(10) $\frac{4}{7}$

❷ (1) -1.25　(2) -1.76　(3) -40.6

(4) -1.24　(5) $-\frac{4}{5}$　(6) -6　(7) $-\frac{1}{2}$

(8) $-\frac{10}{9}$

解き方考え方

❶ 小数の乗法では，積に打つ小数点の位置に注意する。分数どうしの乗法は，約分できるものは約分してから 分母×分母，分子×分子 を計算する。

(6) $\left(-\frac{2}{9}\right)\times(-6)=+\left(-\frac{2}{\cancel{9}_{3}}\times\cancel{6}^{2}\right)=\frac{4}{3}$

(10) $\left(+\frac{2}{3}\right)\times\left(+\frac{6}{7}\right)=+\left(\frac{2}{\cancel{3}_{1}}\times\frac{\cancel{6}^{2}}{7}\right)=\frac{4}{7}$

❷ (7) $\frac{5}{6}\times\left(-\frac{3}{5}\right)=-\left(\frac{\cancel{5}^{1}}{\cancel{6}_{2}}\times\frac{\cancel{3}^{1}}{\cancel{5}_{1}}\right)=-\frac{1}{2}$

11 正の数・負の数の乗法 ③

❶ (1) 7^3　(2) $(-9)^2$　(3) $(-0.8)^2$　(4) $\left(\frac{1}{3}\right)^2$

❷ (1) 8　(2) 9　(3) 16　(4) -16　(5) -2.89

(6) $\frac{1}{125}$

❸ (1) 36　(2) 8　(3) 50　(4) 0.27　(5) 8

(6) $-\frac{1}{6}$　(7) $0.01\left(\frac{1}{100}\right)$　(8) $\frac{1}{12}$

解き方考え方

❶ 同じ数をいくつかかけたものをその数の**累乗**(るいじょう)という。また，右上に小さく書いた数を**指数**という。

(2) -9^2 としないように注意する。

❷ (1) $2^3=2\times2\times2=8$

$2\times3=6$ としないように注意する。

(3) $(-4)^2=(-4)\times(-4)=16$

(4) 4の2乗に符号(ふごう)－をつける。

$-4^2=-(4\times4)=-16$

3 累乗の計算を先にする。

(1) $4\times(-3)^2=4\times9=36$

(5) $8^2\times\left(\frac{1}{2}\right)^3=64\times\frac{1}{8}=8$

(8) $\left(\frac{1}{3}\right)^3\times(-1.5)^2=\left(\frac{1}{3}\right)^3\times\left(-\frac{3}{2}\right)^2$

$=\frac{1}{27}\times\frac{9}{4}=\frac{1}{12}$

12 正の数・負の数の除法 ①

1 (1)5 (2)5 (3)9 (4)9 (5)−11 (6)−8 (7)0 (8)−2 (9)−16 (10)−13

2 (1)−7 (2)−3 (3)$-\frac{3}{2}$(−1.5) (4)$-\frac{5}{9}$ (5)−17 (6)−14 (7)0 (8)−4 (9)6 (10)6

解き方 考え方

1 2数の商の符号(ふごう)は，同符号では+，異符号では−になる。0を0でない数でわった商は0である。

2 約分できるものは約分しておく。

13 正の数・負の数の除法 ②

1 (1)$\frac{1}{4}$ (2)$-\frac{1}{6}$ (3)7 (4)$-\frac{3}{5}$

2 (1)$-\frac{1}{21}$ (2)$-\frac{15}{4}$ (3)$\frac{7}{4}$ (4)−42

3 (1)−4 (2)−6 (3)0 (4)−20 (5)$\frac{5}{27}$ (6)−27 (7)$-\frac{2}{3}$ (8)$\frac{4}{5}$ (9)−16 (10)−2

解き方 考え方

1 2数の積が1になるとき，一方の数を他方の数の**逆数**という。負の数の逆数は，負の数になる。

2 除法を乗法になおすには，わる数を逆数にしてかければよい。

(1) $\left(-\frac{1}{3}\right)\div7=\left(-\frac{1}{3}\right)\times\frac{1}{7}=-\frac{1}{21}$

(2) $\left(+\frac{3}{4}\right)\div\left(-\frac{1}{5}\right)=\left(+\frac{3}{4}\right)\times\left(-\frac{5}{1}\right)=-\frac{15}{4}$

3 (3) 0を0でない数でわった商は0である。

(7) $\frac{8}{15}\div\left(-\frac{4}{5}\right)=\frac{8}{15}\times\left(-\frac{5}{4}\right)=-\frac{2}{3}$

(9) $12\div\left(-\frac{3}{4}\right)=12\times\left(-\frac{4}{3}\right)=-16$

14 正の数・負の数の乗除 ①

1 (1)30 (2)192 (3)−6 (4)11 (5)54 (6)−125 (7)3 (8)−3 (9)−20 (10)−28

2 (1)$-\frac{2}{5}$ (2)1 (3)3 (4)$-\frac{1}{5}$

3 (1)−3 (2)$-\frac{14}{3}$ (3)$\frac{3}{2}$(1.5) (4)−50

解き方 考え方

1 乗除の混じった計算は，乗法だけの式になおすことができる。積の符号(ふごう)は，負の数が偶数個(ぐうすうこ)あれば+，奇数個(きすうこ)あれば−になる。まず符号を決めてから，絶対値の積を計算する。

(3) $(-18)\times5\div15=(-18)\times5\times\frac{1}{15}$

$=-\left(18\times5\times\frac{1}{15}\right)=-6$

2 (1) $\frac{1}{4}\times\left(-\frac{6}{5}\right)\div\frac{3}{4}=-\left(\frac{1}{4}\times\frac{6}{5}\times\frac{4}{3}\right)$

$=-\frac{2}{5}$

3 (2) わり切れないので，分数になおして計算する。

$3.5\times0.4\div(-0.3)=\frac{35}{10}\times\frac{4}{10}\div\left(-\frac{3}{10}\right)$

$=-\left(\frac{35}{10}\times\frac{4}{10}\times\frac{10}{3}\right)=-\frac{14}{3}$

15 正の数・負の数の乗除 ②

❶ (1) -420　(2) -320　(3) 15　(4) -72
(5) 12　(6) $\frac{5}{9}$　(7) -8　(8) -24
(9) $-\frac{9}{2}\,(-4.5)$　(10) $-\frac{1}{2}\,(-0.5)$

❷ (1) -1　(2) $-\frac{32}{27}$　(3) $-\frac{1}{5}$　(4) 1

❸ (1) 4.5　(2) -10.92　(3) -2　(4) -0.2

解き方考え方

❶ (5) $72\div(-3^2)\div(-2)\times3$
$=72\div(-9)\div(-2)\times3$
$=72\times\left(-\frac{1}{9}\right)\times\left(-\frac{1}{2}\right)\times3$
$=+\left(\overset{\overset{4}{\cancel{8}}}{\cancel{72}}\times\frac{1}{\underset{1}{\cancel{9}}}\times\frac{1}{\underset{1}{\cancel{2}}}\times3\right)=12$

❸ (1) 計算の順序を工夫すると計算しやすくなる。
$2.5\times(-4.5)\times(-0.4)=+(2.5\times0.4\times4.5)$
$=+(1\times4.5)=4.5$

16 正の数・負の数の計算 ①

❶ (1) -16　(2) -5　(3) 12　(4) 16　(5) 22
(6) 83　(7) 2　(8) -4　(9) 49　(10) -30

❷ (1) 1.3　(2) -6.6　(3) 7.8　(4) $-\frac{11}{12}$
(5) $-\frac{9}{2}\,(-4.5)$　(6) $\frac{1}{3}$

❸ (1) -3　(2) $-\frac{13}{15}$

解き方考え方

❶ 加減乗除が混じった計算では，加減よりも乗除を先に計算する。
(1) $(-7)+(-3)\times3=(-7)+(-9)$
$=-16$
(7) $16+(-4)\times3-2=16+(-12)-2$
$=16-12-2=2$

❸ (2) $\left(-\frac{7}{15}\right)\div\frac{2}{3}+\frac{4}{21}\times\left(-\frac{7}{8}\right)$
$=-\left(\frac{7}{\underset{5}{\cancel{15}}}\times\frac{\overset{1}{\cancel{3}}}{2}\right)-\left(\frac{\overset{1}{\cancel{4}}}{\underset{3}{\cancel{21}}}\times\frac{\overset{1}{\cancel{7}}}{\underset{2}{\cancel{8}}}\right)=-\frac{7}{10}-\frac{1}{6}$
$=-\frac{21}{30}-\frac{5}{30}=-\frac{26}{30}=-\frac{13}{15}$

17 正の数・負の数の計算 ②

❶ (1) -11　(2) 16　(3) 17　(4) -2
(5) -22　(6) 16　(7) -84　(8) 17
(9) -57　(10) -46

❷ (1) 0.74　(2) -0.85　(3) 7.22　(4) $-\frac{5}{12}$
(5) $\frac{8}{9}$　(6) $-\frac{1}{2}$

❸ (1) 1.49　(2) $-\frac{22}{15}$

解き方考え方

❶ 累乗(るいじょう)の計算を先にする。負の数の累乗の計算は符号(ふごう)に注意する。
(1) $-6-20\div(-2)^2=-6-20\div4$
$=-6-5=-11$
(6) $-4^2+(-4)^2\times2=-16+16\times2$
$=-16+32=16$

❷ (1) $0.2^2\times6-(-0.5)=0.04\times6+0.5$
$=0.24+0.5=0.74$
(5) $1-\left(-\frac{2}{3}\right)^2\div4=1-\frac{\overset{1}{\cancel{4}}}{9}\times\frac{1}{\underset{1}{\cancel{4}}}=\frac{8}{9}$

❸ (2) $\left(\frac{1}{5}\right)^2\times\frac{5}{6}+\left(-\frac{1}{6}\right)\div\left(\frac{1}{3}\right)^2$
$=\frac{1}{25}\times\frac{5}{6}+\left(-\frac{1}{6}\right)\div\left(\frac{1}{9}\right)$
$=\frac{1}{\underset{5}{\cancel{25}}}\times\frac{\overset{1}{\cancel{5}}}{6}+\left(-\frac{1}{\underset{2}{\cancel{6}}}\times\overset{3}{\cancel{9}}\right)=\frac{1}{30}-\frac{3}{2}$
$=\frac{1}{30}-\frac{45}{30}=-\frac{44}{30}=-\frac{22}{15}$

18 正の数・負の数の計算 ③

❶ (1) -12　(2) -5　(3) -7　(4) -15

❷ (1) 42　(2) 20　(3) -4　(4) -3

❸ (1) -3.2　(2) 0.3　(3) 1.74　(4) 0.11

(5) -3　(6) $-\frac{22}{3}$　(7) -4　(8) $-\frac{41}{20}$

解き方考え方

❶ かっこの中を先に計算する。

(1) $2\times(-8+2)=2\times(-6)=-12$

❷ 累乗(るいじょう)の計算を先にする。

(1) $12+(5^2-15)\times3=12+(25-15)\times3$
$=12+10\times3=12+30=42$

(2) かっこが2種類あるときは，内側のかっこの中から先に計算する。

$(-4)\times\{10\div(8-10)\}=(-4)\times\{10\div(-2)\}$
$=(-4)\times(-5)=20$

❸ (3) $6\times\{(-0.3)^2+0.2\}=6\times(0.09+0.2)$
$=6\times0.29=1.74$

(4) $\{2+(0.4-1.3)\}\times0.1=(2-0.9)\times0.1$
$=1.1\times0.1=0.11$

(7) $\left(-\frac{1}{3}\right)^2\times\left\{3\div\left(\frac{3}{4}-\frac{5}{6}\right)\right\}=\frac{1}{9}\times\left\{3\div\left(\frac{9}{12}-\frac{10}{12}\right)\right\}$

$=\frac{1}{9}\times\left\{3\div\left(-\frac{1}{12}\right)\right\}=\frac{1}{9}\times\{3\times(-12)\}=-4$

(8) $\frac{1}{5}-\left\{\left(\frac{1}{2}\right)^3+\frac{1}{4}\right\}\times6=\frac{1}{5}-\left(\frac{1}{8}+\frac{2}{8}\right)\times6$

$=\frac{1}{5}-\frac{3}{\cancel{8}_4}\times\cancel{6}^3=\frac{1}{5}-\frac{9}{4}=\frac{4}{20}-\frac{45}{20}=-\frac{41}{20}$

19 正の数・負の数の計算 ④

❶ (1) -1　(2) 22　(3) 1　(4) -20

❷ (1) -26　(2) -18　(3) 160　(4) -24

❸ (1) 7　(2) 4　(3) -2　(4) 1　(5) 3

(6) -6　(7) 8

解き方考え方

❶ 分配法則 $(a+b)\times c=a\times c+b\times c$ を利用する。

(1) $\left(\frac{1}{2}-\frac{2}{3}\right)\times6=\frac{1}{2}\times6-\frac{2}{3}\times6=3-4$
$=-1$

❷ 分配法則 $a\times c+b\times c=(a+b)\times c$ を利用する。

(1) $2.8\times5.2-7.8\times5.2=(2.8-7.8)\times5.2$
$=-5\times5.2=-26$

(2) $18\times\left(-\frac{3}{5}\right)+18\times\left(-\frac{2}{5}\right)$

$=18\times\left(-\frac{3}{5}-\frac{2}{5}\right)=18\times(-1)=-18$

❸ 斜めに注目すると，$-4-1+2+5=2$ だから，縦，横，斜めの和はすべて2となる。

20 素因数分解

❶ 2，3，5，7，11

❷ (1) ① 3　② 5　③ 7

(2) ① 3　② 5　③ 5

❸ (1) $2\times3\times5$　(2) $2\times3\times11$　(3) $3\times5\times7$

(4) $5^2\times7$　(5) $2^2\times3^2\times5$　(6) $3^3\times5^2$

解き方考え方

❶ 素数とは，1とその数自身しか約数をもたない自然数のこと。ただし，1は除く。

❷ 同じ素数の積になるときには，累乗(るいじょう)の形で表す。

❸ 商が素数になるまで，素数で順にわっていくとよい。どんな順序でわっても同じ結果になる。必ず素数の積で表すことに注意する。

21 まとめテスト ②

❶ (1) -2　(2) -60　(3) $-\frac{7}{10}$　(4) $-\frac{3}{20}$

(5) 1　(6) $-\frac{3}{20}$

❷ (1) -42　(2) $-\frac{68}{9}$　(3) -1　(4) $\frac{7}{9}$

❸ (1) -4　(2) -21.5

解き方考え方

❶ 計算のとちゅうで約分できるときは約分するとよい。

(6) $\left(-\frac{7}{8}\right)\div14\div\frac{5}{12}=\left(-\frac{\cancel{7}^1}{\cancel{8}_2}\right)\times\frac{1}{\cancel{14}_2}\times\frac{\cancel{12}^3}{5}$

$=-\frac{3}{20}$

2 (1) 負の数の累乗(るいじょう)の計算は符号(ふごう)に注意する。

$(-2)^2\times(-3^2)+48\div(-2)^3$
$=4\times(-9)+48\div(-8)=-36-6=-42$

(3) $\{5+14\div(-2)\}\times2-(-3)$
$=(5-7)\times2-(-3)=-2\times2+3=-1$

3 (1) $24\times\left(\frac{2}{3}-\frac{5}{6}\right)=\overset{8}{\cancel{24}}\times\frac{2}{\underset{1}{\cancel{3}}}-\overset{4}{\cancel{24}}\times\frac{5}{\underset{1}{\cancel{6}}}$

$=16-20=-4$

(2) $-8.1\times2.15-1.9\times2.15$
$=(-8.1-1.9)\times2.15=-10\times2.15=-21.5$

▶文字と式

22 文字式の表し方 ①

1 (1) $5x$ (2) $-7a$ (3) ax^2 (4) $-a^2$

(5) $-2(b+c)$ (6) $-\frac{x}{3}$ (7) $\frac{6}{a}$ (8) $\frac{x}{y}$

(9) $\frac{a+b}{8}$ (10) $\frac{a}{bc}$

2 (1) $\frac{5a}{2}$ (2) $-\frac{x}{4}$ (3) $\frac{x^2}{y}$ (4) $\frac{abd}{c}$

(5) $\frac{ac}{bd}$ (6) $-\frac{x^3}{3}$ (7) $\frac{8xy}{7}$ (8) $\frac{45}{x^2}$

(9) $-\frac{4b}{a}$ (10) $\frac{2xy}{3}$

解き方考え方

1 文字と数の積は，数を文字の前に書く。

(3) $x\times x\times a$ の $x\times x$ は累乗(るいじょう)の指数を用いて，x^2 と表せる。× の記号を省略してアルファベット順に並べて，ax^2 と表す。

(4) $(-1)\times a^2$ は $-1a^2$ とはせず，1 を省いて $-a^2$ とする。

(6) $x\div(-3)=x\times\left(-\frac{1}{3}\right)=-\frac{1}{3}x$

としてもよい。

(9) $(a+b)\div8=(a+b)\times\frac{1}{8}=\frac{1}{8}(a+b)$

としてもよい。

(10) $a\div b\div c=a\times\frac{1}{b}\times\frac{1}{c}=\frac{a}{bc}$

2 (1) $a\div2\times5=a\times\frac{1}{2}\times5=\frac{5a}{2}$

(8) $9\div x\times5\div x=9\times\frac{1}{x}\times5\times\frac{1}{x}=\frac{45}{x^2}$

23 文字式の表し方 ②

1 (1) $3a-5b$ (2) a^2-bc (3) $\frac{a}{2}+3b$

(4) $x^2+\frac{3}{x}$ (5) $\frac{a}{b}-\frac{6}{c}$ (6) $3(x+y)-5$

(7) $\frac{8a}{b}-\frac{b}{5a}$ (8) x^2y-z (9) $-\frac{a}{b}+8c$

(10) $x^2z+\frac{y^3}{z}$

2 (1) $8\times x$ (2) $(-2)\times a\times a\times a$ (3) $y\div7$

(4) $4\div a\div b$ (5) $5\times x\times y\times y$

(6) $b\times b\times c\div7\div a$ (7) $x\times y\times(8-2\times z)$

(8) $3\times a-b\div2$ (9) $\frac{1}{2}\times(x+y)$

(10) $(a+b)\div3+\frac{1}{4}\times(x+y)$

解き方考え方

1 (9) $\underbrace{a\times(-1)\div b}_{-\frac{a}{b}}\underbrace{-c\times(-8)}_{+8c}=-\frac{a}{b}+8c$

2 (2) $-2a^3=(-2)\times a\times a\times a$

指数と，(-2) に注意する。

(10) $\frac{a+b}{3}$ は $(a+b)\div3$ とも，$(a+b)\times\frac{1}{3}$ とも表せる。$a+b$ をかっこでくくることを忘れないこと。

24 文字を使った式

1 (1) $150x$ 円 (2) ab cm^2 (3) $\frac{600}{a}$ 円

(4) $\frac{x}{7}$ 個

2 (1) $(50a+80b)$ 円 (2) $5x+3y$

(3) $an-c$ (4) $(1000-2a)$ 円

(5) $\frac{a+b+c}{3}$ 点 (6) $100x+10y+z$

(7) $\frac{5a}{2}$ cm^2 (8) $(x-4y)$ m (9) a^3 cm^3

解き方考え方

1 (1) 値段は 単価×個数 で表せる。

2 (3)「～よりも c 小さい数」は，「～から c だけひいた数」と考える。

(6) 100 が x 個，10 が y 個，1 が z 個だから，

$100\times x+10\times y+1\times z=100x+10y+z$

25 数量の表し方

❶ (1) $100a$ cm　(2) $1000x$ g　(3) $\frac{y}{60}$ 時間
(4) $\frac{a}{10}$ L　(5) 分速 $\frac{y}{60}$ km
(6) $10000x$ cm^2

❷ (1) $\frac{7}{100}a$ g($0.07a$ g)　(2) $\frac{4}{5}x$ m($0.8x$ m)
(3) $0.2a$ 円　(4) $0.25x$ 円　(5) $1.2a$ L
(6) $0.88y$ kg

❸ (1) $0.09x$ g　(2) 時速 $4x$ km
(3) $4\pi a^2$ cm^2　(4) $\frac{xy}{100}$ 円

解き方考え方

❶ 単位間の関係を考えて表すこと。
(4) $0.1a$ L とも表せるが，$0.a$ とは書かないことに注意する。
(5) 1 時間に y km 進むとき，1 分では
$y \div 60 = \frac{y}{60}$ (km) 進むから 分速 $\frac{y}{60}$ km
となる。$\frac{y}{60} \times 1000 = \frac{50y}{3}$ だから，
分速 $\frac{50y}{3}$ m としてもよい。

❷ (1) 7 % は，$\frac{7}{100}$
(2) 8 割は，$\frac{8}{10} = \frac{4}{5}$

❸ (2) 15 分は $\frac{1}{4}$ 時間だから，$x \div \frac{1}{4} = 4x$
(3) 円の面積＝半径×半径×円周率で求められるから，
$2a \times 2a \times \pi = 4\pi a^2$
π は積の中では数のあと，文字の前に書く。

26 式の値 ①

❶ (1) 8　(2) -4　(3) 26　(4) 4
❷ (1) 18　(2) 9　(3) 21　(4) -1
❸ (1) 7　(2) $\frac{1}{10}$　(3) $\frac{1}{2}$
❹ (1) 10　(2) 11　(3) $\frac{1}{9}$

解き方考え方

❶ (2) $-x^2$ は $(-x)^2$ ではない。
$-x^2 = -2^2 = -2 \times 2 = -4$

❷ (1) $-5x+3 = -5 \times (-3) + 3 = 15 + 3 = 18$
(2) $x^2 = (-3)^2 = 9$
(3) $(-x)^2 = \{-(-3)\}^2 = 9$ より，
$(-x)^2 - 4x = 9 - 4 \times (-3) = 21$

❸ (2) $\frac{x}{5} = x \times \frac{1}{5} = \frac{1}{2} \times \frac{1}{5} = \frac{1}{10}$

❹ (3) $x = -\frac{2}{3}$ を代入すると，
$1 - 2 \times \left(-\frac{2}{3}\right)^2 = 1 - 2 \times \frac{4}{9} = 1 - \frac{8}{9} = \frac{1}{9}$

27 式の値 ②

❶ (1) 8　(2) -26
❷ (1) 1　(2) -30
❸ (1) 26　(2) -7　(3) 27　(4) 32
(5) $-\frac{13}{6}$　(6) -8　(7) 13　(8) $\frac{79}{2}$

解き方考え方

❶ (2) $x=6$，$y=-5$ を代入すると，
$-x+4y = -6 + 4 \times (-5) = -6 - 20 = -26$

❷ (2) $x=-3$，$y=4$ を代入すると，
$2x^2 - 3y^2 = 2 \times (-3)^2 - 3 \times 4^2 = 2 \times 9 - 3 \times 16$
$= 18 - 48 = -30$

❸ (8) $a=3$，$b=-2$ を代入すると，
$4a^2 - 2b - \frac{1}{2} = 4 \times 3^2 - 2 \times (-2) - \frac{1}{2}$
$= 4 \times 9 + 4 - \frac{1}{2} = 36 + 4 - \frac{1}{2} = \frac{79}{2}$

28 まとめテスト ③

❶ (1) $-8x$　(2) $\frac{a-b}{5}$　(3) $\frac{x^2}{y^2}$
(4) $3a-2b$　(5) $\frac{x}{y}+5z$　(6) $8-a^2b$

❷ (1) $0.15a$ L $\left(\frac{3}{20}a \text{ L}\right)$
(2) $2(15+x)$ cm $((30+2x)$ cm$)$
(3) $10x+y$

❸ (1) -39　(2) $\frac{35}{3}$

❹ (1) $-\frac{1}{6}$　(2) $-\frac{13}{3}$

解き方考え方

❶ 同じ文字の積は累乗(るいじょう)の形で表す。また，乗法は×の記号を省き，除法は分数の形で表す。

❷ (2)長方形のまわりの長さは，
(縦の長さ＋横の長さ)の2倍になる。

❸ (2) $x=-4$ を代入すると，
$\frac{1}{2}\times(-4)^2-\frac{2}{3}\times(-4)+1$
$=\frac{1}{2}\times16+\frac{8}{3}+1=8+\frac{8}{3}+1=\frac{35}{3}$

❹ (2) $a=-\frac{1}{3}$，$b=2$ を代入すると，
$-3\times\left(-\frac{1}{3}\right)^2-2^2=-3\times\frac{1}{9}-4$
$=-\frac{1}{3}-4=-\frac{13}{3}$

29 式を簡単にすること

❶ (1)項 $5x$，-4　x の係数 5
(2)項 $0.5x$，7　x の係数 0.5
(3)項 $-6x$，$-\frac{2}{5}y$
x の係数 -6，y の係数 $-\frac{2}{5}$
(4)項 $\frac{x}{2}$，$3y$
x の係数 $\frac{1}{2}$，y の係数 3
(5)項 x，$-y$，-9
x の係数 1，y の係数 -1
(6)項 $-8x$，$-3y$，4
x の係数 -8，y の係数 -3
(7)項 $0.3x$，$1.4y$，-1.2
x の係数 0.3，y の係数 1.4
(8)項 $-3x$，$-\frac{y}{4}$，8
x の係数 -3，y の係数 $-\frac{1}{4}$

❷ (1) $2a$　(2) $-5x$　(3) a　(4) $\frac{1}{4}x$
(5) $3x+3$　(6) $0.6x+2$　(7) $-\frac{7}{2}a-7$
(8) $-\frac{2}{15}x+4$　(9) $6y-2$
(10) $-\frac{8}{5}x-\frac{7}{2}$

解き方考え方

❶ (1) $5x-4=5x+(-4)$
であるから，項は $5x$ と -4
(4) $\frac{x}{2}=\frac{1}{2}x$ だから，x の係数は $\frac{1}{2}$

❷ 文字の部分が同じ項を1つにまとめる。
(1) $5a-3a=(5-3)a=2a$
(9) $4y-4+2y+2=4y+2y-4+2$
$=(4+2)y-4+2=6y-2$
(10) $-4-x+\frac{1}{2}-\frac{3}{5}x$
$=-\frac{8}{2}-\frac{5}{5}x+\frac{1}{2}-\frac{3}{5}x$
$=-\frac{5}{5}x-\frac{3}{5}x-\frac{8}{2}+\frac{1}{2}=-\frac{8}{5}x-\frac{7}{2}$

30 1次式の加法

❶ (1) $5x+5$　(2) $10x-1$　(3) $y-5$
(4) $x+5$

❷ (1) $5x+5$　(2) $2a+10$　(3) $-3x+2$
(4) $-3y-13$

❸ (1) $2x-3$　(2) $5x+1$
(3) $2a+14$　(4) $p+13$　(5) $x+1$
(6) $\frac{1}{2}x-1$　(7) $2a+\frac{1}{3}$　(8) $\frac{1}{12}x+\frac{1}{2}$

解き方考え方

❶ かっこをはずして，式を整理する。
(1) $3x+(2x+5)=3x+2x+5=5x+5$

❷ 2つの式の同じ文字の項(こう)どうし，数の項どうしをそれぞれ加える。
(3) $(-x+6)+(-2x-4)=-x-2x+6-4$
$=-3x+2$

❸ (8) 2つの式の同じ文字の項どうし，数の項どうしをそれぞれ通分してまとめる。
$\left(-\frac{2}{3}x+\frac{1}{6}\right)+\left(\frac{3}{4}x+\frac{1}{3}\right)$
$=-\frac{2}{3}x+\frac{3}{4}x+\frac{1}{6}+\frac{1}{3}$
$=\left(-\frac{8}{12}+\frac{9}{12}\right)x+\left(\frac{1}{6}+\frac{2}{6}\right)$
$=\frac{1}{12}x+\frac{3}{6}=\frac{1}{12}x+\frac{1}{2}$

31 1次式の減法

❶ (1) $a-4$ (2) $-5x+6$ (3) $-y-1$
(4) $a+1$

❷ (1) $5a-3$ (2) $-4x+14$ (3) $-4x+2$
(4) $26y-7$

❸ (1) $2a+5$ (2) $-2b-8$ (3) $6x-9$
(4) $10c-9$ (5) $-\frac{1}{2}x+\frac{3}{2}$ (6) $-\frac{5}{6}$
(7) $-\frac{2}{5}x-\frac{4}{5}$ (8) $-\frac{1}{12}y-\frac{5}{24}$

解き方考え方

❶ かっこの前が－なので，かっこをはずすとき，かっこ内の各項(かくこう)の符号(ふごう)を変える。
(1) $7a-(6a+4)=7a-6a-4=a-4$

❷ (1) $(10a-7)-(5a-4)=10a-7-5a+4$
$=5a-3$

❸ (8) $\left(-\frac{3}{4}y+\frac{1}{6}\right)-\left(-\frac{2}{3}y+\frac{3}{8}\right)$
$=-\frac{3}{4}y+\frac{1}{6}+\frac{2}{3}y-\frac{3}{8}$
$=-\frac{3}{4}y+\frac{2}{3}y+\frac{1}{6}-\frac{3}{8}$
$=-\frac{9}{12}y+\frac{8}{12}y+\frac{4}{24}-\frac{9}{24}=-\frac{1}{12}y-\frac{5}{24}$

32 1次式の加減

❶ (1) 和 $3x-1$　差 $5x-5$
(2) 和 $-3x+3$　差 $x+9$

❷ (1) $3a+7$ (2) $3a-3$ (3) $3a+9$
(4) $-10a+5$

❸ (1) $10x-3$ (2) $-3x+10$ (3) $-2a-1$
(4) $x+8$ (5) $1.8x-1$ (6) $\frac{x-2}{6}\left(\frac{x}{6}-\frac{1}{3}\right)$
(7) $\frac{1}{6}a$ (8) $\frac{3}{2}x+\frac{5}{12}$

解き方考え方

❶ 2つの式にそれぞれかっこをつけて，和と差を計算する。
(1) 和 $(4x-3)+(-x+2)$
$=4x-3-x+2=3x-1$
差 $(4x-3)-(-x+2)$
$=4x-3+x-2=5x-5$

❷ 縦書きの計算も，文字の項(こう)どうし，数の項どうしを計算する。
(1)
$$\begin{array}{r} a+3 \\ +)\ 2a+4 \\ \hline 3a+7 \end{array}$$

❸ (6) $\frac{2x-1}{3}-\frac{x}{2}=\frac{2(2x-1)-3x}{6}$
$=\frac{4x-2-3x}{6}=\frac{x-2}{6}\left(=\frac{x}{6}-\frac{1}{3}\right)$

33 1次式と数の乗法

❶ (1) $15a$ (2) $32x$ (3) $-25x$
(4) $-18y$ (5) $-3a$ (6) $-2b$
(7) $-4y$ (8) $-\frac{8}{3}x$

❷ (1) $2a-4$ (2) $-3a+15$

❸ (1) $-2a+4$ (2) $-10x+25$
(3) $-4a-\frac{3}{2}$ (4) $-4a-15$
(5) $15a-5$ (6) $12x-21$

解き方考え方

❶ (1) $3a\times5=3\times a\times5=3\times5\times a=15a$

❷ (1) $2(a-2)=2\times a-2\times2=2a-4$

❸ (5) $20\times\frac{3a-1}{4}=\frac{\overset{5}{\cancel{20}}\times(3a-1)}{\underset{1}{\cancel{4}}}$
$=5\times(3a-1)=5\times3a-5\times1=15a-5$

34 1次式と数の除法

❶ (1) $5a$ (2) $2x$ (3) $-4y$ (4) $-3x$
(5) $-4b$ (6) $\frac{15}{2}a$ (7) $\frac{1}{18}x$ (8) $-\frac{5}{4}a$

❷ (1) $3x+2$ (2) $4a+5$ (3) $-4x-3$
(4) $-4a+3$ (5) $6x-5$ (6) $-16x-6$

❸ (1) $\frac{2}{5}p-\frac{1}{3}$ (2) $\frac{2}{3}a-\frac{2}{5}$

解き方考え方

❶ (5) $(-5b)\div\frac{5}{4}=(-5b)\times\frac{4}{5}=-4b$

❷ (1) $(6x+4)\div 2=(6x+4)\times\frac{1}{2}$

$=6x\times\frac{1}{2}+4\times\frac{1}{2}=3x+2$

❸ (2) $\left(-\frac{5}{9}a+\frac{1}{3}\right)\div\left(-\frac{5}{6}\right)$

$=\left(-\frac{5}{9}a+\frac{1}{3}\right)\times\left(-\frac{6}{5}\right)$

$=\left(-\frac{5}{9}a\right)\times\left(-\frac{6}{5}\right)+\frac{1}{3}\times\left(-\frac{6}{5}\right)$

$=\frac{2}{3}a-\frac{2}{5}$

35 いろいろな計算

❶ (1) $4x+7$ (2) $-7x+4$ (3) $-5x-1$
(4) $6x-14$

❷ (1) $-23a+24$ (2) $21x-21$
(3) $-9a-15$ (4) $-6a+31$ (5) $34x+4$
(6) -3 (7) $3a-5$ (8) $11a-4$
(9) $\frac{5x-3}{6}$ (10) $\frac{2}{3}a$

解き方 考え方

❶ (2) $(5x+1)-3(4x-1)=5x+1-12x+3$
$=-7x+4$

(3) $9-5(x+2)=9-5x-10=-5x-1$

❷ (7) $\frac{1}{4}(4a-16)+\frac{1}{3}(6a-3)$

$=\frac{1}{4}\times 4a-\frac{1}{4}\times 16+\frac{1}{3}\times 6a-\frac{1}{3}\times 3$

$=a-4+2a-1=a+2a-4-1=3a-5$

(9) $\frac{x+1}{2}+\frac{x-3}{3}=\frac{3(x+1)+2(x-3)}{6}$

$=\frac{3x+3+2x-6}{6}=\frac{3x+2x+3-6}{6}$

$=\frac{5x-3}{6}$

(10) $a-1-\frac{a-3}{3}=\frac{3a-3-(a-3)}{3}$

$=\frac{3a-3-a+3}{3}=\frac{3a-a-3+3}{3}$

$=\frac{2}{3}a$

36 関係を表す式 ①

❶ (1) $x+5=26$ (2) $1000-x=50$
(3) $5x=400$ (4) $x-500=y+500$
(5) $S=\left(\frac{\ell}{4}\right)^2$

❷ (1) $150a+50b=1000$ (2) $300-ax=55$
(3) $A\left(1+\frac{p}{10}\right)=B$

解き方 考え方

❶ (3) 速さ×時間=道のり

(4) 兄が弟に500円渡したので兄の金額は $(x-500)$ 円，弟の金額は $(y+500)$ 円と表せる。

(5) 正方形のまわりの長さが ℓ cm なので，1辺の長さは $\frac{\ell}{4}$ cm となり，正方形の面積=1辺×1辺 だから，$S=\left(\frac{\ell}{4}\right)^2$ と表せる。

❷ (3) $A(1+0.1p)=B$ でもよい。

37 関係を表す式 ②

❶ (1) $2(3+x)>10$ (2) $5a<3000$
(3) $120x+80y\leqq 1000$
(4) $a-15\geqq 2(b+15)$

❷ (1) $\frac{3}{2}x>6y$ (2) $\frac{5a+20b}{7}<c$
(3) $\frac{3}{2}a\leqq b$ (4) $\frac{x}{4}+\frac{x}{6}\geqq y$

解き方 考え方

❶ (1)「10より大きい」は10をふくまないので，>を使って表す。

❷ (2)最初に単位をそろえる。
b L $=10b$ dL になるから，ジュースの量の合計は $(5a+20b)$ dL と表せる。したがって，7本の平均のジュースの量は $\left(\frac{5a+20b}{7}\right)$ dL となる。

(3)ふくまれている食塩の量は
$\left(150\times\frac{a}{100}\right)$ g となる。

(4)時間=道のり÷速さ

解答

38 まとめテスト ④

❶ (1) $x-1$ (2) $-7x+13$ (3) $2a-2$

(4) $-\frac{5}{6}$ (5) $-4x$ (6) $-10x$

(7) $4a-\frac{3}{2}$ (8) $-10a-3$

❷ (1) $12x$ (2) $-8x+7$

(3) $7a-7$ (4) $-5a+1$

❸ (1) $\frac{10}{x}>\frac{10}{y}$ (2) $\frac{7}{10}ab=c$

解き方考え方

❶ (6) $15x\div\left(-\frac{3}{2}\right)=15x\times\left(-\frac{2}{3}\right)=-10x$

(7) $6\left(\frac{2}{3}a-\frac{1}{4}\right)$

$=6\times\frac{2}{3}a-6\times\frac{1}{4}=4a-\frac{3}{2}$

(8) $(-40a-12)\div4=(-40a-12)\times\frac{1}{4}$

$=-40a\times\frac{1}{4}-12\times\frac{1}{4}=-10a-3$

❷ 最初に分配法則を使って，かっこをはずしてから，計算をする。

(1) $3(2x+2)+2(3x-3)=6x+6+6x-6$

$=12x$

(4) $-\frac{2}{3}(6a+3)-\frac{1}{5}(5a-15)$

$=-\frac{2}{3}\times6a-\frac{2}{3}\times3-\frac{1}{5}\times5a+\frac{1}{5}\times15$

$=-4a-2-a+3=-5a+1$

❸ (1)「早く着く」ということは，「かかった時間が少ない」ということ。

(2) $a\times\left(1-\frac{3}{10}\right)\times b=c$

$a\times\frac{7}{10}\times b=c$ $\frac{7}{10}ab=c$

▶1次方程式

39 方程式とその解

❶ イ，エ

❷ (1) 2でわった

(2) 2をひいた

(3) 3でわった

❸ (1) $x=3$ (2) $x=10$ (3) $x=-1.3$

(4) $x=-6$ (5) $x=12$ (6) $x=-10$

解き方考え方

❶ -2を等式の中のxに代入して，等式が成り立つかどうかを調べる。

ア (左辺)$=-2-5=-7$

イ (左辺)$=6\times(-2)+12=0=$(右辺)

ウ (左辺)$=7+4\times(-2)=-1$

エ (左辺)$=4+2\times(-2)=0$

(右辺)$=3\{2+(-2)\}=0$

❸ (1) $x+7=10$ $x+7-7=10-7$ $x=3$

(4) $8x=-48$ $\frac{8x}{8}=-\frac{48}{8}$ $x=-6$

(5) $\frac{1}{2}x=6$ $\frac{1}{2}x\times2=6\times2$ $x=12$

(6) $-\frac{6}{5}x=12$ $-\frac{6}{5}x\times5=12\times5$

$-6x=60$ $\frac{-6x}{-6}=\frac{60}{-6}$ $x=-10$

40 1次方程式の解き方

❶ (1) $x=2$ (2) $x=-2$ (3) $x=-2$

(4) $x=2$ (5) $x=5$ (6) $x=-3$

❷ (1) $x=2$ (2) $x=-5$ (3) $x=-\frac{1}{2}$

(4) $x=-3$ (5) $x=-1$ (6) $x=2$

(7) $x=38$ (8) $x=48$

解き方考え方

方程式を解くとき，文字の項(こう)は左辺に，数の項は右辺に移項する。移項するときには符号(ふごう)を変えることを忘れない。

❶ (2) $5x=x-8$ $5x-x=-8$ $4x=-8$

$x=-2$

(5) $45-2x=7x$ $-2x-7x=-45$

$-9x=-45$ $x=5$

❷ (2) $5x-9=8x+6$ $5x-8x=6+9$

$-3x=15$ $x=-5$

(3) $5x=-7x-6$ $5x+7x=-6$

$12x=-6$ $x=-\frac{1}{2}$

(5) $-5x+4=-x+8$ $-5x+x=8-4$

$-4x=4$　$x=-1$

(8) $5x+90=6x+42$　$5x-6x=42-90$

$-x=-48$　$x=48$

41 いろいろな方程式 ①

❶ (1) $x=1$　(2) $x=6$　(3) $x=4$

(4) $x=-2$　(5) $x=-3$　(6) $x=6$

❷ (1) $x=-3$　(2) $x=-7$　(3) $x=\frac{1}{4}$

(4) $x=1$　(5) $x=2$　(6) $x=2$

(7) $x=-4$　(8) $x=1$

解き方考え方

最初にかっこをはずしてから，式を変形する。かっこをはずすときは，符号(ふごう)に注意する。

❶ (4) $-4-5(x+1)=1$　$-4-5x-5=1$

$-5x=1+4+5$　$-5x=10$　$x=-2$

(6) $-(2x+3)+4x=9$　$-2x-3+4x=9$

$-2x+4x=9+3$　$2x=12$　$x=6$

❷ (3) $-(x-4)=3x+3$　$-x+4=3x+3$

$-x-3x=3-4$　$-4x=-1$　$x=\frac{1}{4}$

(7) $3(x+2)=2(x+1)$　$3x+6=2x+2$

$3x-2x=2-6$　$x=-4$

(8) $3(x-2)=13-4(x+3)$

$3x-6=13-4x-12$

$3x+4x=13-12+6$　$7x=7$　$x=1$

42 いろいろな方程式 ②

❶ (1) $x=15$　(2) $x=-8$　(3) $x=\frac{3}{4}$

(4) $x=-\frac{5}{3}$　(5) $x=-6$　(6) $x=-4$

❷ (1) $x=-12$　(2) $x=4$

(3) $x=-10$　(4) $x=-6$　(5) $x=5$

(6) $x=19$　(7) $x=12$　(8) $x=1$

解き方考え方

分母をはらって，分数をふくまない形に変形してから解く。

❶ (3) $\frac{1}{6}x+\frac{7}{6}x=1$

両辺に分母の 6 をかけると，

$x+7x=6$　$8x=6$　$x=\frac{6}{8}$　$x=\frac{3}{4}$

分母をはらうとき，整数の 1 にも 6 をかけるのを忘れないこと。

❷ 分母が異なるときには分母の最小公倍数をかけて分母をはらう。

(3) $-\frac{2}{5}x+3=-\frac{1}{2}x+2$

両辺に分母の最小公倍数 10 をかけると，

$-4x+30=-5x+20$

$-4x+5x=20-30$　$x=-10$

(8) $\frac{x+2}{3}-\frac{x-1}{4}=1$

両辺に分母の最小公倍数 12 をかけると，

$4(x+2)-3(x-1)=12$

$4x+8-3x+3=12$

$4x-3x=12-8-3$　$x=1$

43 いろいろな方程式 ③

❶ (1) $x=-3$　(2) $x=2$　(3) $x=2$

(4) $x=4$　(5) $x=6$　(6) $x=-7$

❷ (1) $x=2$　(2) $x=-2$　(3) $x=7$

(4) $x=1$　(5) $x=-4$　(6) $x=-6$

(7) $x=-4$　(8) $x=-31$

解き方考え方

両辺に 10，100 などをかけて，小数をふくまない形に変形してから解く。

❶ (1) $0.2x+0.5=-0.1$

両辺に 10 をかけると，

$2x+5=-1$　$2x=-1-5$

$2x=-6$　$x=-3$

(6) $0.04(2x-6)=-0.8$

両辺に 100 をかけると，

$4(2x-6)=-80$　$8x-24=-80$

$8x=-80+24$　$8x=-56$　$x=-7$

❷ (5) $0.35x+1.04=0.09x$

両辺に 100 をかけると，

$35x+104=9x$　$35x-9x=-104$
$26x=-104$　$x=-4$
(7) $0.3(3x+6)=0.2(2x-1)$
両辺に10をかけると，
$3(3x+6)=2(2x-1)$　$9x+18=4x-2$
$9x-4x=-2-18$　$5x=-20$　$x=-4$
(8) $0.8(2x-2)-2x=0.3(5-x)$
両辺に10をかけると，
$8(2x-2)-20x=3(5-x)$
$16x-16-20x=15-3x$
$16x-20x+3x=15+16$
$-x=31$　$x=-31$
両辺に10をかけるとき，$2x$にもかけるのを忘れないこと。

44 比例式

❶ (1) $x=12$　(2) $x=15$　(3) $x=6$
(4) $x=10$　(5) $x=30$　(6) $x=24$
❷ (1) $x=14$　(2) $x=7$　(3) $x=19$
(4) $x=15$　(5) $x=3$　(6) $x=\frac{8}{5}$
(7) $x=30$　(8) $x=9$

解き方考え方

比例式では，次のことが成り立つ。
$a:b=c:d$ ならば，$ad=bc$
❶ (1) $8:x=2:3$
$8\times3=x\times2$　$24=2x$　$x=12$
❷ (1) $12:(x-5)=4:3$
$12\times3=4\times(x-5)$　$36=4x-20$
$56=4x$　$x=14$
(7) $\frac{x}{7}:5=6:7$
$\frac{x}{7}\times7=5\times6$
$x=30$
(8) $16:6=12:\frac{x}{2}$
$16\times\frac{x}{2}=6\times12$
$8x=72$　$x=9$

45 まとめテスト ⑤

❶ (1) $x=56$　(2) $x=3$　(3) $x=3$　(4) $x=6$
❷ (1) $x=11$　(2) $x=-13$　(3) $x=2$
(4) $x=-23$　(5) $x=2$　(6) $x=-5$
(7) $x=6$　(8) $x=4$
❸ (1) $x=25$　(2) $x=15$

解き方考え方

❶ (4) $3x+24=8x-6$　$3x-8x=-6-24$
$-5x=-30$　$x=6$
❷ (3) $2x-1=\frac{x+7}{3}$
両辺に3をかけると，
$6x-3=x+7$　$6x-x=7+3$
$5x=10$　$x=2$
(6) $0.2(2x-2)=0.3(3x+7)$
両辺に10をかけると，
$2(2x-2)=3(3x+7)$　$4x-4=9x+21$
$4x-9x=21+4$　$-5x=25$　$x=-5$
(7) 小数を分数になおして，分数をふくんだ方程式として解く。
$\frac{3}{5}x-3.6=\frac{1}{3}x-2$　$\frac{3}{5}x-\frac{18}{5}=\frac{1}{3}x-2$
両辺に分母の最小公倍数15をかけると，
$9x-54=5x-30$　$9x-5x=-30+54$
$4x=24$　$x=6$
(8) $2-\frac{x-4}{3}=0.5x$　$2-\frac{x-4}{3}=\frac{1}{2}x$
両辺に分母の最小公倍数6をかけると，
$12-2(x-4)=3x$　$12-2x+8=3x$
$-2x-3x=-12-8$　$-5x=-20$　$x=4$
❸ (2) $12:(x+1)=3:4$
$12\times4=3(x+1)$　$48=3x+3$
$-3x=3-48$　$-3x=-45$　$x=15$

▶比例・反比例

46 比例の式 ①

❶ (1) $3<x<7$　(2) $5\leqq x\leqq10$
(3) $-4<x\leqq6$　(4) $-3\leqq x<7$
❷ (1) 式 $y=4x$　比例定数 4

(2) 式 $y=30x$　比例定数 30

(3) 式 $y=\frac{7}{2}x$　比例定数 $\frac{7}{2}$

❸ (1) (順に) -12, -8, -4, 0, 4, 8, 12

(2) 4　(3) 3 倍

解き方考え方

❶ 「より大きい (小さい)」と「未満」は不等号 >, < を使い,「以上」と「以下」は ≧, ≦ を使って表す。

❷ (1)正方形の周の長さは 1 辺の 4 倍。よって $y=4x$ となり, 比例定数は 4

(2) 1 時間に 30km ずつ進むと, x 時間では $30x$km 進むから, $y=30x$ となり, 比例定数は 30

(3)三角形の面積＝底辺×高さ×$\frac{1}{2}$

だから,

$y=x\times7\times\frac{1}{2}$　つまり $y=\frac{7}{2}x$ となり,

比例定数は $\frac{7}{2}$

❸ (3) x の値が 1 のとき y の値は 4 であり, x の値が 3 のとき y の値は 12 となる。このように, x の値が 3 倍になると, y の値も 3 倍になる。

47 比例の式 ②

❶ (1) $y=-4x$　(2) 24

❷ (1) $y=-\frac{1}{4}x$　(2) -3

❸ (1) $y=\frac{9}{2}x$　(2) 10　(3) $9\leqq y\leqq63$

解き方考え方

❶ (1) $y=ax$ とおき, $x=4$, $y=-16$ を代入する。

$-16=a\times4$　$a=-4$　よって, $y=-4x$

(2) $y=-4x$ に $x=-6$ を代入する。

$y=-4\times(-6)$　$y=24$

❸ (3) x の変域が $2\leqq x\leqq14$ なので, $y=\frac{9}{2}x$ に $x=2$, $x=14$ を代入して, それぞれに対応する y の値を求める。

$x-2$ のとき　$y=\frac{9}{2}\times2$　$y=9$

$x=14$ のとき　$y=\frac{9}{2}\times14$　$y=63$

よって, y の変域は, $9\leqq y\leqq63$

48 反比例の式 ①

❶ (1) 式 $y=\frac{18}{x}$　比例定数 18

(2) 式 $y=\frac{2}{x}$　比例定数 2

(3) 式 $y=\frac{15}{x}$　比例定数 15

(4) 式 $y=\frac{240}{x}$　比例定数 240

(5) 式 $y=\frac{300}{x}$　比例定数 300

❷ (1) (順に) -2, -3, -6, 6, 3, 2

(2) 6　(3) $\frac{1}{3}$ 倍

解き方考え方

❶ (1)平行四辺形の面積＝底辺×高さ だから,

$18=xy$　よって, $y=\frac{18}{x}$

(3)時間＝$\frac{道のり}{速さ}$ だから, $y=\frac{15}{x}$

(5)単位が異なるときは単位をそろえてから式を立てる。

3 m＝300 cm だから, $y=\frac{300}{x}$

❷ (3) x の値が 1 のとき y の値は 6 であり, x の値が 3 のとき y の値は 2 となる。このように, x の値が 3 倍になると, y の値は $\frac{1}{3}$ 倍になる。

49 反比例の式 ②

❶ (1) $y=-\frac{12}{x}$　(2) 6

❷ (1) $y=\frac{54}{x}$　(2) 18

❸ (1) $y=\frac{5}{x}$　(2) 10　(3) $\frac{1}{12}\leqq y\leqq 5$

解き方考え方

❶ (1) $y=\frac{a}{x}$ とおき $x=2$, $y=-6$ を代入する。

$-6=\frac{a}{2}$　$a=-12$　よって, $y=-\frac{12}{x}$

別解 y が x に反比例するとき,
xy=比例定数 が成り立つ。

$2\times(-6)=-12$ より, $y=-\frac{12}{x}$

(2) $y=-\frac{12}{x}$ に $x=-2$ を代入する。

$y=-\frac{12}{-2}$　$y=6$

❸ (3) x の変域が $1\leqq x\leqq 60$ なので,
$y=\frac{5}{x}$ に $x=1$, $x=60$ を代入して,
それぞれに対応する y の値を求める。

$x=1$ のとき　$y=\frac{5}{1}$　$y=5$

$x=60$ のとき　$y=\frac{5}{60}$　$y=\frac{1}{12}$

よって, y の変域は, $\frac{1}{12}\leqq y\leqq 5$

$x=60$ のときよりも $x=1$ のときの方が, y の値は大きくなっていることに注意する。

50 まとめテスト ⑥

❶ 比例するもの…**ア**, **ウ**, **エ**
反比例するもの…**イ**, **オ**

❷ (1) $y=80x$, ○　(2) $y=\frac{300}{x}$, ×

(3) $y=\frac{28}{x}$, ×　(4) $y=25x$, ○

❸ (1) 35　(2) -3

解き方考え方

❶ 式を変形して $y=ax$ の形になるものが比例, $y=\frac{a}{x}$ の形になるものが反比例。
カ $4x-y=-2$ は $y=4x+2$ となるので, 比例でも反比例でもない。

❸ (1) $y=ax$ とおき $x=9$, $y=21$ を代入すると,

$21=9a$　$a=\frac{7}{3}$　よって, $y=\frac{7}{3}x$

これに $x=15$ を代入すると, $y=35$

(2) $y=\frac{a}{x}$ に $x=24$, $y=-\frac{1}{4}$ を代入すると, $-\frac{1}{4}=\frac{a}{24}$　$a=-6$

よって, $y=-\frac{6}{x}$

これに $x=2$ を代入すると, $y=-3$

▶図形の求積

51 おうぎ形の弧の長さと面積 ①

❶ (1) 弧の長さ 2π cm　面積 6π cm^2

(2) 弧の長さ $\frac{14}{3}\pi$ cm　面積 $\frac{28}{3}\pi$ cm^2

❷ 144°

❸ 中心角 120°　面積 12π cm^2

解き方考え方

❶ 半径 r, 中心角 $a°$ のおうぎ形の弧の長さを ℓ, 面積を S とすると,

$\boldsymbol{\ell=2\pi r\times\frac{a}{360}}$

$\boldsymbol{S=\pi r^2\times\frac{a}{360}}=\frac{1}{2}\times 2\pi r\times\frac{a}{360}\times r=\boldsymbol{\frac{1}{2}\ell r}$

(1) 弧の長さ $2\pi\times 6\times\frac{60}{360}=2\pi$(cm)

面積 $\pi\times 6^2\times\frac{60}{360}=6\pi$(cm^2)

別解 弧が 2πcm なので, 面積は

$\frac{1}{2}\times 2\pi\times 6=6\pi$(cm^2)

(2) 弧の長さ $2\pi\times 4\times\frac{210}{360}=\frac{14}{3}\pi$(cm)

面積 $\pi\times 4^2\times\frac{210}{360}=\frac{28}{3}\pi$(cm^2)

❷ おうぎ形の中心角を $x°$ とすると, 面積が 10πcm^2 なので,

$\pi\times 5^2\times\frac{x}{360}=10\pi$　$x=144$

❸ おうぎ形の中心角を $x°$ とすると,

$2\pi\times6\times\frac{x}{360}=4\pi \quad x=120$

面積は, $\pi\times6^2\times\frac{120}{360}=12\pi(\text{cm}^2)$

52 おうぎ形の弧の長さと面積 ②

❶ まわりの長さ $(5\pi+36)$cm
面積 27πcm^2

❷ まわりの長さ $(8\pi+8)$cm
面積 16πcm^2

❸ まわりの長さ $(5\pi+20)$cm
面積 $(100-25\pi)$cm^2

❹ まわりの長さ $(6\pi+6)$cm
面積 $\frac{9}{2}\pi$cm^2

解き方考え方

まわりの長さのうち, 曲線部分はおうぎ形の弧(こ)として求められる。直線部分の長さをたすのを忘れないよう注意する。

❶ まわりの長さ

$2\pi\times12\times\frac{60}{360}+12\times2+2\pi\times6\times\frac{30}{360}+6\times2$

(大きいおうぎ形)(小さいおうぎ形)

$=4\pi+24+\pi+12=5\pi+36(\text{cm})$

面積

$\pi\times12^2\times\frac{60}{360}+\pi\times6^2\times\frac{30}{360}=24\pi+3\pi$

$=27\pi(\text{cm}^2)$

❷ まわりの長さ

$2\pi\times(4+4)\times\frac{120}{360}+2\pi\times4\times\frac{120}{360}+4\times2$

$=8\pi+8(\text{cm})$

面積

$\pi\times8^2\times\frac{120}{360}-\pi\times4^2\times\frac{120}{360}=16\pi(\text{cm}^2)$

❸ まわりの長さ

$2\pi\times10\times\frac{90}{360}+10\times2=5\pi+20(\text{cm})$

面積

$10\times10-\pi\times10^2\times\frac{90}{360}=100-25\pi(\text{cm}^2)$

❹ まわりの長さ

$2\pi\times6\times\frac{90}{360}+2\pi\times3\times\frac{180}{360}+6$

$=6\pi+6(\text{cm})$

面積

$\pi\times6^2\times\frac{90}{360}-\pi\times3^2\times\frac{180}{360}=9\pi-\frac{9}{2}\pi$

$=\frac{9}{2}\pi(\text{cm}^2)$

53 立体の体積と表面積 ①

❶ (1)体積 120cm^3　表面積 184cm^2
(2)体積 42cm^3　表面積 96cm^2

❷ (1) 3　(2) 6

❸ 体積 648cm^3　表面積 468cm^2

解き方考え方

角柱の体積=底面積×高さ
角柱の表面積=側面積+底面積×2

❶ (1)底面積は $\frac{1}{2}\times6\times4=12(\text{cm}^2)$

側面積は $10\times(6+5+5)=160(\text{cm}^2)$

よって, 体積は $12\times10=120(\text{cm}^3)$

表面積は $160+12\times2=184(\text{cm}^2)$

❷ (1)長方形の面が側面だから,

$6\times5x=90 \quad x=3$

(2) $\frac{1}{2}\times5x\times9=135 \quad x=6$

❸ 上底 6cm, 下底 12cm, 高さ 8cm の台形の面が底面であり,

台形の面積$=\frac{1}{2}\times$(上底+下底)×高さ

で求められる。よって体積は

$\frac{1}{2}\times(6+12)\times8\times9=648(\text{cm}^3)$

表面積は

$(6+10+12+8)\times9+\frac{1}{2}\times(6+12)\times8\times2$

$=468(\text{cm}^2)$

54 立体の体積と表面積 ②

❶ (1)体積 81πcm^3　表面積 72πcm^2
(2)体積 80πcm^3　表面積 72πcm^2

2 (1)体積 $360\pi\,\text{cm}^3$　表面積 $192\pi\,\text{cm}^2$
(2)体積 $4\pi\,\text{cm}^3$　表面積 $10\pi\,\text{cm}^2$
3 体積 $(210-6\pi)\,\text{cm}^3$
表面積 $(214+10\pi)\,\text{cm}^2$

解き方 考え方

円柱の体積=底面積×高さ
円柱の表面積=側面積+底面積×2

1 (1)底面積は $\pi\times3^2=9\pi(\text{cm}^2)$
側面積は $2\pi\times3\times9=54\pi(\text{cm}^2)$
よって，体積は $9\pi\times9=81\pi(\text{cm}^3)$
表面積は $54\pi+9\pi\times2=72\pi(\text{cm}^2)$

3 体積は，直方体の体積から円柱の体積をひけばよいから，
$5\times7\times6-\pi\times1^2\times6=210-6\pi(\text{cm}^3)$
表面積は，直方体の側面積+円柱の側面積+底面積×2 となる。
$(5\times2+7\times2)\times6+2\pi\times6+(35-\pi\times1^2)\times2$
$=214+10\pi(\text{cm}^2)$

55 立体の体積と表面積 ③

1 (1) $90\,\text{cm}^3$　(2) $100\,\text{cm}^3$
2 (1) $256\,\text{cm}^2$　(2) $96\,\text{cm}^2$
3 体積 $243\,\text{cm}^3$　表面積 $324\,\text{cm}^2$

解き方 考え方

角錐の体積=$\frac{1}{3}$×底面積×高さ
角錐の表面積=側面積+底面積

1 (1)底面積は $\frac{1}{2}\times9\times5=\frac{45}{2}(\text{cm}^2)$
よって，体積は $\frac{1}{3}\times\frac{45}{2}\times12=90(\text{cm}^3)$
(2)切り取った三角錐の体積は
$\frac{1}{3}\times\frac{1}{2}\times6\times5\times4=20(\text{cm}^3)$
よって，$6\times5\times4-20=100(\text{cm}^3)$

2 (1)底面積は $8\times8=64(\text{cm}^2)$
側面積は $\frac{1}{2}\times8\times12\times4=192(\text{cm}^2)$
よって，表面積は $192+64=256(\text{cm}^2)$

3 三角錐ABCDの底面は直角三角形BCD，高さはACと考えると，体積は，
$\frac{1}{3}\times\frac{1}{2}\times9\times9\times18=243(\text{cm}^3)$
表面積は展開図の面積になるので，
$18\times18=324(\text{cm}^2)$

56 立体の体積と表面積 ④

1 (1) $21\pi\,\text{cm}^3$　(2) $152\pi\,\text{cm}^3$
2 $84\pi\,\text{cm}^2$
3 (1)体積 $96\pi\,\text{cm}^3$　表面積 $96\pi\,\text{cm}^2$
(2)体積 $16\pi\,\text{cm}^3$　表面積 $36\pi\,\text{cm}^2$

解き方 考え方

円錐の体積=$\frac{1}{3}$×底面積×高さ
円錐の表面積=側面積+底面積

1 (1)$\frac{1}{3}\times\pi\times3^2\times7=21\pi(\text{cm}^3)$
(2)$\frac{1}{3}\times\pi\times6^2\times18-\frac{1}{3}\times\pi\times4^2\times12$
$=152\pi(\text{cm}^3)$

2 側面積は $\pi\times8^2\times\frac{270}{360}=48\pi(\text{cm}^2)$
展開図において，側面のおうぎ形の弧の長さと，底面の円周の長さは等しくなる。
底面の半径を r cm とすると，
$2\pi\times8\times\frac{270}{360}=2\pi r$　$r=6$
底面積は $\pi\times6^2=36\pi(\text{cm}^2)$
よって，表面積は $48\pi+36\pi=84\pi(\text{cm}^2)$

3 (1)体積は $\frac{1}{3}\times\pi\times6^2\times8=96\pi(\text{cm}^3)$
展開図の側面のおうぎ形について，弧の長さは
$2\pi\times6=12\pi(\text{cm})$
半径10cmの円の円周の長さは
$2\pi\times10=20\pi(\text{cm})$

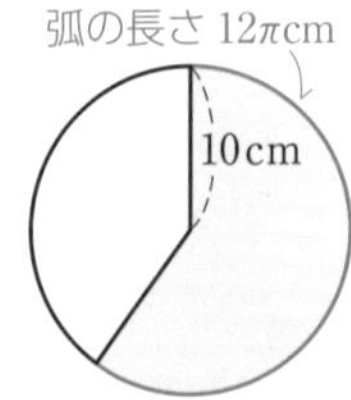

おうぎ形の面積は弧の長さにも比例するから，側面積は $\pi\times10^2\times\frac{12\pi}{20\pi}=60\pi(\text{cm}^2)$
よって表面積は $60\pi+\pi\times6^2=96\pi(\text{cm}^2)$

別解 展開図の側面のおうぎ形は，弧の長さ 12πcm，半径 10cm なので，

側面積は $\frac{1}{2}\times12\pi\times10=60\pi(\text{cm}^2)$

としても求められる。

57 立体の体積と表面積 ⑤

1 (1)体積 $36\pi\text{cm}^3$　表面積 $36\pi\text{cm}^2$

(2)体積 $972\pi\text{cm}^3$　表面積 $324\pi\text{cm}^2$

2 体積 $\frac{128}{3}\pi\text{cm}^3$　表面積 $48\pi\text{cm}^2$

3 (1) $\frac{2}{3}$倍　(2) 2 倍

解き方考え方

球の体積＝$\frac{4}{3}\pi\times$(半径)^3

球の表面積＝$4\pi\times$(半径)^2

1 (1)体積 $\frac{4}{3}\pi\times3^3=36\pi(\text{cm}^3)$

表面積 $4\pi\times3^2=36\pi(\text{cm}^2)$

2 直径が 8cm だから，この半球の半径は 4cm である。半球の体積は球の体積の半分だから，$\frac{4}{3}\pi\times4^3\times\frac{1}{2}=\frac{128}{3}\pi(\text{cm}^3)$

半球の表面積は，曲面部分の面積と，円の部分の面積の合計である。曲面部分の面積は球の表面積の半分だから，

$4\pi\times4^2\times\frac{1}{2}=32\pi(\text{cm}^2)$

円の部分の面積は，$\pi\times4^2=16\pi(\text{cm}^2)$

よって，表面積は，$32\pi+16\pi=48\pi(\text{cm}^2)$

3 (1)円柱の体積は $\pi\times3^2\times6=54\pi(\text{cm}^3)$

球の体積は $\frac{4}{3}\pi\times3^3=36\pi(\text{cm}^3)$ だから，

$36\pi\div54\pi=\frac{36\pi}{54\pi}=\frac{2}{3}$(倍)

(2)$36\pi\div18\pi=2$(倍)

円錐の体積：球の体積：円柱の体積＝1：2：3 となることがわかる。

58 立体の体積と表面積 ⑥

1 $312\pi\text{cm}^3$

2 体積 $76\pi\text{cm}^3$　表面積 $76\pi\text{cm}^2$

3 体積 $64\pi\text{cm}^3$　表面積 $60\pi\text{cm}^2$

解き方考え方

1 底面が半径 9cm の円，高さが (4+8)cm の円錐(えんすい)の体積から，底面が半径 3cm の円，高さが 4cm の円錐の体積をひくと求められる。

$\frac{1}{3}\times\pi\times9^2\times(4+8)-\frac{1}{3}\times\pi\times3^2\times4$

$=312\pi(\text{cm}^3)$

2 この立体は，底面が半径 2cm の円，高さが 3cm の円柱と，底面が半径 4cm の円，高さが 4cm の円柱でできている。

体積は，$\pi\times2^2\times3+\pi\times4^2\times4=76\pi(\text{cm}^3)$

また，上の円柱の表面積は，

$4\pi\times3+4\pi\times2=20\pi(\text{cm}^2)$

下の円柱の表面積は，

$8\pi\times4+16\pi\times2=64\pi(\text{cm}^2)$

重なっている面積は，

$4\pi\times2=8\pi(\text{cm}^2)$

よって，立体の表面積は，

$20\pi+64\pi-8\pi=76\pi(\text{cm}^2)$

別解 この立体の上下の面の面積は半径 4cm の円 2 個分であるから，表面積は，

$\underbrace{2\pi\times2\times3+2\pi\times4\times4}_{\text{側面積}}+\underbrace{\pi\times4^2\times2}_{\text{底面積}}$

$=76\pi(\text{cm}^2)$

3 この立体は，底面が半径 4cm の円，高さが 3cm の円錐と，底面が半径 4cm の円，高さが 3cm の円柱でできている。

体積は，

$\frac{1}{3}\times\pi\times4^2\times3+\pi\times4^2\times3=64\pi(\text{cm}^3)$

また，円錐の底面と円柱の底面が重なっているので，表面積は，円錐の側面積と，円柱の側面積，円柱の底面積 1 つ分の合計となる。

$\underbrace{\pi\times5^2\times\frac{8\pi}{10\pi}}_{\text{円錐の側面積}}+\underbrace{2\pi\times4\times3}_{\text{円柱の側面積}}+\underbrace{\pi\times4^2}_{\text{円柱の底面積}}$

$=60\pi(\text{cm}^2)$

59 まとめテスト ⑦

❶ $24\pi\,\mathrm{cm}^2$
❷ 体積 $324\,\mathrm{cm}^3$　表面積 $324\,\mathrm{cm}^2$
❸ 体積 $66\pi\,\mathrm{cm}^3$　表面積 $60\pi\,\mathrm{cm}^2$
❹ 体積 $288\pi\,\mathrm{cm}^3$　表面積 $144\pi\,\mathrm{cm}^2$

解き方考え方

❶ $\pi\times6^2\times\frac{2\pi\times4}{2\pi\times6}=24\pi(\mathrm{cm}^2)$

別解 $\frac{1}{2}\times2\pi\times4\times6=24\pi(\mathrm{cm}^2)$

❷ この立体は三角柱で，底面は直角をはさむ辺が 9cm と 12cm の直角三角形で，高さが 6cm である。

よって，体積は，

$\frac{1}{2}\times9\times12\times6=324(\mathrm{cm}^3)$

表面積は，

$(9+12+15)\times6+\frac{1}{2}\times9\times12\times2$

$=324(\mathrm{cm}^2)$

❸ この立体は，底面が半径 3cm の円，高さが 4cm の円錐と，底面が半径 3cm の円，高さが 6cm の円柱でできる立体である。

体積は，

$\frac{1}{3}\times\pi\times3^2\times4+\pi\times3^2\times6=66\pi(\mathrm{cm}^3)$

また，円錐の底面と円柱の底面が重なっているので，表面積は，円錐の側面積と，円柱の側面積，底面積 1 つ分の合計となる。

$\pi\times5^2\times\frac{6\pi}{10\pi}+2\pi\times3\times6+\pi\times3^2$

$=60\pi(\mathrm{cm}^2)$

❹ 1 回転させると，直径 12cm の球になる。

体積は，$\frac{4}{3}\times\pi\times6^3=288\pi(\mathrm{cm}^3)$

表面積は，$4\pi\times6^2=144\pi(\mathrm{cm}^2)$

▶データの整理

60 度数分布表と起こりやすさ

❶ (1) 0.07　(2) 0.29　(3) 22
❷ 500 回
（上から順に）0.15，0.13，0.17，0.20，0.19，0.16
1000 回
（上から順に）0.16，0.15，0.16，0.18，0.18，0.17

解き方考え方

❶ 相対度数=$\frac{\text{その階級の度数}}{\text{度数の合計}}$

(1) $\frac{2}{28}=0.071\cdots$

(2) $\frac{8}{28}=0.285\cdots$

(3) 累積度数は，最小の階級からその階級までの度数の和であるから，15 分以上 20 分未満の階級の累積度数は

2+5+8+7=22 となる。

❷ 500 回振ったときの 1 の目が出た相対度数は $\frac{76}{500}=0.152$

以下同様にして求める。

回数を増やすと，相対度数が 0.15 ～ 0.18 の間に近づいていることがわかる。回数を更に増やしていくと，相対度数は一定の数値に近づいていくことが予想できる。